ARCHITECTURE

The 50 most influential architects in the world

U0394758

改变建筑的
建筑师

[英]约翰·斯通斯　著

陈征　译

浙江摄影出版社

目录

20世纪中期的现代主义建筑

后现代主义建筑、高技派建筑、当代建筑

前言
INTRODUCTION

建筑师塑造我们的生活空间，在我们的生活中起了重要的作用。伟大的建筑作品可以改善我们的生活，使我们精神振作，而拙劣的作品则会使我们感到寂寞痛苦。

路德维希·密斯·凡·德罗（Ludwig Mies van der Rohe）曾经说过"建筑始于你把两块砖小心地叠在一起的时候"。然而两块砖叠在一起的形式是多种多样的。只有极少数富有创造力的建筑师能够显著改变属于我们的建筑环境，包括教堂、画廊、办公楼和社会住宅。本书精选了具有上述特质的一些重要建筑师，他们的成就包括质疑设计流程和材料选用、创造新颖建筑结构，一直到推动激进理论发展，仿效和重新诠释以往的建筑风格。

当我们试着去理解建筑师对于我们周围建筑环境的影响时，学习和理解一些重要建筑师的思想和创意，可以改变我们在任何城镇上漫步的观感。这些先锋建筑师常常（而且继续）怀有强烈的自我意识，这也驱使他们在周围环境中铭刻下新的现实构想，并把他们的想法变成实实在在的东西，而不是仅限于图纸上的涂涂画画。

这些建筑师设计的创新结构深深地影响了建筑的发展。建筑师在现在和过去的同行们工作的基础上，秉承传统或者突破传统的束缚进行创作。这些影响促进了建筑史上两大重要流派的出现。

第一个流派就是古典主义建筑，即古

> 所谓建筑其实就是一个容身之处，而伟大的建筑是通过设计，使空间能够包容、接纳、擢升并激励身在其中的人。
>
> 菲利浦·约翰逊

希腊和古罗马建筑。从意大利文艺复兴和帕拉第奥时期到18、19世纪的新古典主义时期，再到更近一些的纳粹德国和法西斯意大利极权统治时期，以及20世纪后期的后现代主义的几个世纪里，他们一再成为西方建筑灵感的源泉。

第二个流派就是现代主义建筑，这是一种兴起于20世纪初，打破传统而又激进的建筑新概念。勒·柯布西耶（Le Corbusier）等人的理念彻底改变了我们的世界，而时至今日，我们还在努力理解他们对于后世复杂深远的影响。

正是因为帝国大厦、悉尼歌剧院和毕尔巴鄂的古根海姆博物馆等杰作使得建筑受到越来越多的关注，所以建造具有标志意义、雄伟壮观的建筑成为一种潮流，而这些建筑通常也是旅游胜地。优良的建筑可以，也必然丰富我们日常生活中的建筑结构，除非我们决定回归洞穴生活。

菲利普·布鲁内莱斯基
FILIPPO BRUNELLESCHI

菲利普·布鲁内莱斯基是意大利文艺复兴早期最重要的建筑师，他在那时就开始深入接触即将统治欧洲建筑艺术达数百年之久的古罗马建筑艺术，尤其使他闻名天下的是位于佛罗伦萨的天主大教堂圆顶。

1377—1446 年，生于意大利佛罗伦萨，卒于佛罗伦萨。

唤醒了意大利文艺复兴对于古罗马建筑艺术的关注。

16 世纪意大利文艺复兴时期的编年史家瓦萨里（Vasari）这样写道："我们可以很肯定地说，他是上天派来复兴建筑艺术的使者。"这个"他"指的就是这位对欧洲文化产生深远影响的佛罗伦萨建筑师菲利普·布鲁内莱斯基。几百年来，人们忽视这种艺术，把大量的金钱浪费在没有条理、胡乱建造、缺乏设计的建筑物上。这些建筑物充斥着荒诞不经的念头、恶俗的装饰，毫无优雅可言。

从瓦萨里饱含贬义的称谓"哥特式"中，我们可以知道布鲁内莱斯基所承袭的建筑风格还是遭到了他的诟病。虽然奇特华丽的装饰风格在布鲁内莱斯基事业的早期还是很流行的，但他也是那些致力于重现古罗马艺术的杰出思想者和艺术家中的一份子，也正是他，将这种理念引入了建筑界。

据说布鲁内莱斯基和雕刻家多纳太罗（Donatello）结伴而行，前往罗马参观古罗马遗迹，认真研读了罗马作家维特鲁威（Vitruvius，卒于公元 15 年左右）所撰写的《建筑十法》一书中的建筑理论和图样。这也促使他将一种理性的建筑方法重新引入建筑，即建立在数学计算之上的建筑法，同时也鼓励他设计不同于当时流行风格的、更为简单的建筑结构。他开始根据前人的经验合理使用古典的建筑风格

（多利安式、爱奥尼亚式和科林斯式）。

这种新颖、清晰的建筑风格早在他第一个主要建筑任务中，即1419年建造于佛罗伦萨的育婴堂（即孤儿院），就显露无疑。育婴堂简洁、几乎对称的平面布置标志着一个重大的进步。

在一次为圣母百花大教堂（即佛罗伦萨大教堂）前的大洗礼堂设计堂门的比赛中，布鲁内莱斯基输给了雕刻家洛伦佐·吉贝尔蒂（Lorenzo Ghilberti）。然而，之后又举行了一次比赛，目的是找到一位能够为大教堂设计圆顶的建筑师。在意大利最有权势的美第奇（Medici）家族的支持下，布鲁内莱斯基赢得了比赛，据说是在他将一只鸡蛋立在一块光滑的大理石板上之后。

该教堂最初的设计源于一个世纪前，设计者为这个教堂设计了一个跨度为45米（140英尺）的硕大圆顶，甚至比罗马万神庙的圆顶还大。当时根本不具备完成如此工程壮举的技术力量。例如，罗马的万神庙由混凝土建成，但是配方早已失传。

布鲁内莱斯基用一个由上千万块砖组成的八角形大拱顶解决了这个难题。工程自1420年开始，用了16年时间完成。这个大圆顶不但是佛罗伦萨城一座具有象征意义的美丽建筑物，而且也是结构工程学的重要代表作。布鲁内莱斯基还设计了佛罗伦萨城内其他许多教堂和圣地，包括朴素无华又极富影响力的圣斯皮里托教堂（1428年）。

佛罗伦萨大教堂圆顶（圣母百花大教堂），布鲁内莱斯基最著名的遗作。

哥特式大教堂
GOTHIC CATHEDRALS

在 1140 年至 1250 年间，一种崭新的建筑风格出现了，这是建筑师、石匠和神职人员共同合作的结果，将对整个欧洲产生影响，并成为中世纪晚期的建筑特征。如今这种风格被称为哥特式，其主要表现在法国天主教堂设计和工程建造中的宏伟成就上。

人们普遍认为，哥特式建筑风格源于 1140 年巴黎郊区圣丹尼斯教堂唱经楼的设计。和许多后来出现的哥特式杰作一样，我们并不知道共同构想和建造这座教堂的工匠大师、结构工程师、石匠和雕刻师的名字，但是我们知道，正是因为一位雄心勃勃且有权势的神职人员——苏杰院长（Abbot Suger）的努力，这个工程才得以实现。

这种风格最初被称为"法国式"，"哥特式"一词出现于文艺复兴时期，带有贬义，用于形容这种风格的非正统性和野蛮性。这个名称却一直沿用至今。哥特式建筑风格由罗马式风格发展而来，并且逐渐替代了后者。不同于罗马式建筑风格的粗犷、坚固，哥特式风格主要体现在三点上：尖形拱门、肋状拱顶和飞扶壁。圣丹尼斯教堂集这些元素于一体，建筑形式极其新颖别致。这些哥特式的结构特点融为一体，互相作用，从而使整个建筑物更加明亮，也使建筑物整体看上去更加高耸峻拔，似乎可以通往天国，增加了教堂会众对于教堂的敬畏赞叹之心。

哥特式建筑风格尽管也被运用于其他各种各样的建筑中，但主要运用于天主教堂的设计，尤其是 12 世纪和 13 世纪巴黎周围地区，即法兰西岛地区教堂的重建。各个城市展开了令人眼花缭乱的竞争，为了胜人一筹，他们寻求能够超越前人的建筑方法，结果导致许多建筑结构需要多个世纪的时间来完成。

里昂大教堂（始建于 1160 年左右）是法国哥特式建筑的早期代表作。相对于之后上百年时间里建造的亚眠主教堂、鲁昂主教堂、巴黎圣母院、博韦主教堂和沙特尔主教堂，里昂大教堂比较简洁。博韦主教堂尚未完工的教堂正厅高度最高，达到了 48 米（157 英尺），甚至超越了罗马圣彼得大教堂和伦敦圣保罗大教堂的大殿。然而，沙特尔主教堂（始建于 1194 年）通常被视为哥特式建筑最伟大、最成熟的代表作。

> **一座哥特式的教堂就是一个石化的宗教。**
>
> 塞缪尔·泰勒·柯尔律治

哥特式建筑风格逐渐发展变化，石墙为精美的窗花格所替代，几乎隐没在斑驳的玻璃墙里。例如，巴黎宫廷礼拜堂（1248 年）是极度装饰阶段的代表作，有时指的是"辐射式"的代表作，享有同一盛名的还有兰斯大教堂（约 1211 年）。

法国周边国家建造的哥特式大教堂主要有英国的坎特伯雷教堂（1175 年）和德国的科隆主教堂（1248 年）。后者在高度和宽度的比例上远胜于其他任何教堂。

在 18 世纪晚期和 19 世纪，浪漫主义复兴了哥特式建筑风格，包括"新哥特运动"，其中最著名的例子就是位于伦敦的国会大厦，1835 年由查尔斯·巴里爵士（Sir Charles Barry）设计。

安德烈亚·帕拉第奥
ANDREA PALLADIO

威尼斯建筑师安德烈亚·帕拉第奥在文艺复兴时期设计的一系列别墅开创了新古典主义建筑风格，在欧美各地被广为模仿。他常常被认为是有史以来最具影响力的建筑师。

1508—1580 年，生于意大利帕多瓦，卒于意大利梅瑟。

开启了被称为"帕拉第奥风格"的新古典主义风格。

虽然一开始，帕拉第奥在威尼斯附近的帕多瓦给一个石匠当学徒，前景并不乐观，但是多亏了一位开明富有的赞助人特里西诺（Giangiorgio Trissino）的支持，他才有机会前往罗马研习古建筑遗迹，事业稳步上升。帕拉第奥原名安德烈亚·彼得罗（Andrea di Pietro），是特

由帕拉第奥设计、位于维琴察的优雅的卡普拉别墅（1566 年）屡次被模仿。

里西诺替他取了这个充满古典寓意的名字，他也以这个名字享誉至今。

帕拉第奥大部分的工作时间是在维琴察度过的，这个小镇离帕多瓦和威尼斯都比较近，而且帕拉第奥最著名的建筑杰作也位于这个小镇，包括卡普拉别墅，也被称为圆厅别墅（1566 年）。这是一种典型的新型乡村住宅，在 16 世纪逐渐成形，其结构明亮通风，四面是由巨大的古典柱所构成的门廊，里外贯通，同时将周围景观与建筑自然协调地融为一体。

卡普拉别墅的楼层平面完全对称，环绕中间那个令人印象深刻的圆厅的是绘有大量壁画的圆顶，这个灵感来自于罗马万神庙。这里，古罗马建筑的各个元素被系统地运用，从而使建筑物既明亮又优雅，营造出一种简洁感。这些想法全被详细记录在一本内容丰富（受到广泛研读）的专著《建筑四书》里。帕拉第奥在 1570 年出版了该书。

> **新古典主义**
>
> 指的是从文化的不同方面复兴古希腊罗马艺术的潮流，但是这个词也特指 18 世纪欧洲和美国复兴古典主义建筑风格的热潮。

帕拉第奥大多数工作是受贵族委托建造别墅和宫殿，但是他也为一些重要的教堂建筑进行设计，包括圣马焦雷教堂和威尼斯的救世主教堂。然而，帕拉第奥最后的杰作却是一座剧院。奥林匹克剧院位于维琴察，主要由石头座位所组成的半圆，这是受古罗马竞技场的影响。工程始于帕拉第奥生命中的最后一年，由同行威尼斯建筑师文森佐·斯卡莫齐（Vincenzo Scamozzi）完成，而斯卡莫奇也建造了一个非凡的、视觉幻象永存的舞台。

帕拉第奥的建筑作品，尤其是别墅，享有很高的声誉，他的建筑风格因为富家子弟的游学旅行而在欧洲散布开来，逐渐形成了一种建筑风格，即"帕拉第奥风格"。"帕拉第奥风格"在 18 世纪再度繁荣，影响力广泛深远，从美国南部诸州大种植园到华盛顿区的白宫，甚至是现代的郊区住宅开发都可以窥见"帕拉第奥风格"。

英国"帕拉第奥风格"缔造者

英尼格·琼斯
INIGO JONES

首位英国著名建筑师英尼格·琼斯将"帕拉第奥风格"引入英国建筑，从而使英国建筑重新与欧洲大陆同步。他的建筑作品精致优雅，标志着新古典主义传统从此在英国长期占据主流地位。

1573—1652 年，生于英国伦敦，卒于伦敦。

将古典建筑艺术引入英国。

英尼格·琼斯出身于伦敦一个卑微的天主教徒家庭，父亲是成衣匠。他最初为大型奢华的宫廷娱乐活动或假面舞会设计布景和服装。在工作中，他建造了活动所必须的一些复杂巧妙的结构，因而逐渐学会了建筑，但是并没有接受过正规的学习。琼斯也通过这份工作结识了一些贵族，他们委托他建造房屋，并且资助他出国游历。

琼斯去了意大利两次，特别研究了帕拉第奥的作品，他阅读了帕拉第奥的著作《建筑四书》，并作了密密麻麻的注释。1615 年，当完成对意大利的第二次游历返回英国时，英尼格·琼斯升任至一个很有权势的职位——工程总监，负责监督皇室居所和其他宫廷建筑工程。他正是以这一身份积极参与了圣保罗大教堂重建工程的早期设计，而且在参与考文特花园的修建工程中，他将意大利式市场或者说广场概念引入到了英国。

他的第一个重要委托就是为詹姆斯一世（James I）的妻子，来自丹麦的皇后安娜（Anne）建造在格林威治的居所。居所整体设计简洁、朴素，深受意大利建筑的影响，居所粉刷的外墙一反传统，与伦敦红砖或者木制建筑形成鲜明的对照。

1619 年，宴会之屋工程开始启动，目的是修建被烧毁的那部分

位于格林威治的皇后居所的建筑风格深受琼斯意大利之行的影响。

结构。该工程也是重建怀特霍尔宫这个宏伟工程的一部分，之前无人做过。宴会之屋被设计成一个宽敞的建筑物，适合举办假面舞会和其他为詹姆斯一世和他的儿子查理一世（Charles I）上演的重大礼仪活动。宴会之屋的建筑结构借用了罗马大教堂的大殿，而琼斯曾任布景设计师的经历也使他设计的建筑非常适合戏剧演出。

这座建筑物也因当时欧洲最著名的画家鲁本斯（Rubens）在天花板上绘制的"神化的詹姆斯一世"而闻名。这幅画对查理一世产生了重要的影响，他决定将欧洲大陆高水平的文化引入自己统治下的这个思想守旧的国家。琼斯所设计的帕拉第奥式建筑，墙面设计复杂巧妙，十分和谐。然而，无论是天花板还是建筑物整体，都表明英国的统治过于奢华浪费，受外族影响太深，这一切遭到了臣民的反对。1649年，查理一世被送上了宴会之屋前的断头台。

琼斯的后继影响力和建筑作品的内在质量使他在建筑史上名留青史。他的设计打破了落伍的都铎式建筑式样在英国的统治地位，引入同时代的意大利建筑理念，为新古典主义在英国的发展铺平了道路。

杰凡尼·劳伦佐·贝尼尼
GIANLORENZO BERNINI

杰凡尼·劳伦佐·贝尼尼是意大利巴洛克风格的杰出代表人物。他在绘画、雕刻和建筑领域均已入室登堂，他的创作充满革命性、戏剧性，以一种全新的方式展示在公众面前，在欧洲各地广受赞美和模仿。

1598—1680 年，生于意大利那不勒斯，卒于意大利罗马。

意大利巴洛克艺术的首席雕刻家和建筑师。

贝尼尼出生于那不勒斯，父亲是一名雕刻家，他自己也成为罗马这个教皇之都最著名、最具创造力的艺术家之一。他破除人们对于古代范本的崇拜，创造出自信且充满活力的结构，促进了一种新的艺术形式，即巴洛克艺术的形成。

贝尼尼对于建筑学的不朽贡献在于他领悟了建筑学中所包含的雕刻元素。对于一系列的委托，从建造喷泉到小教堂，他采用了综合法，将一直被视为属于不同领域的雕刻和建筑融为一体：小教堂里的圣人雕像被视为是基于建筑鉴赏力而为，而一个建筑结构，例如喷泉，也可以建造得如同任何一个雕刻作品般肉感丰满。

这种方法在他第一个重要委托中就已显现出来，即修建圣彼得大教堂的教皇大殿华盖。这个华盖位于世界上最大、最著名的教堂的主祭坛之上，由 20 米（66 英尺）的豪华青铜柱支撑。从舞台设计中获得的经验促使贝尼尼开始从经验的角度来进行设计，同时在设计中关注光线和背景。

华盖充分展示了建筑物结构的潜力，这也是贝尼尼在圣

众所周知，贝尼尼是第一个能把建筑、雕刻和绘画如此完美地融为一体的人。

菲利普·巴勒迪努齐

罗马圣彼得大教堂前的广场被尊为贝尼尼最伟大的杰作。

彼得大教堂前的广场和柱廊设计中所竭尽全力想达到的。巨大的椭圆形广场被巨型柱子环绕，这些柱子组成的两个半圆形柱廊从正面看，犹如一双准备拥抱的手。

贝尼尼对于建筑几何学［与此同时，他的同辈弗朗西斯科·普罗米尼（Franscesco Borromini）也在促进建筑几何学发展］的灵活运用也体现在罗马圣安德烈教堂（1658—1670年）的设计中，教堂的立面由两堵内凹的墙组成，后面是一个椭圆形的外凸门廊，内部呈椭圆形，宽度大于长度。贝尼尼认为这是他最杰出的作品，但是今天，人们普遍认为除了圣彼得大教堂前的广场之外，"神志昏迷的圣德列萨"（1647年）才是他的巅峰之作。雕像位于罗马圣马利亚·德拉·维多利亚教堂一间科纳罗小礼拜堂内。深受欲望折磨的圣女雕像被安置在仿真衣饰的大理石底座上，又戏剧般地被一束自然光照亮，将一切创造性的表现形式融合在一起，令人印象深刻。

贝尼尼和普罗米尼充满戏剧张力的作品为一种流畅的建筑风格即将在欧洲（尤其是天主教国家）流行一个多世纪奠定了基础，而且对于当代建筑师来说也越来越重要。

克里斯托弗 · 雷恩
CHRISTOPHER WREN

克里斯托弗·雷恩爵士一直活到高龄 90 岁，建筑生涯长久，因而也使他成为英国最受人尊敬的建筑师。在伦敦 1666 年大火后的重建工程中，他对其建筑结构影响重大，而且他的杰出代表作是位于伦敦的、新古典主义建筑风格的圣保罗大教堂。

1632—1723 年，生于英国威尔特郡东诺伊尔，卒于英国伦敦。

圣保罗大教堂的设计者，也是英国最著名的建筑师。

雷恩最初在牛津大学瓦德汗学院作为一名学者崭露头角，他在科学、数学和古典文学均有涉猎。他倍受尊敬是因为他在天文学上的实验和研究，他也因此在 25 岁时赢得了第一个教授职位。

在继续进行科学上的学术研究时，雷恩将建筑列入自己众多的成就之中。他的处女作是为彭布罗克学院修建的一座小礼拜堂，也是牛津大学中世纪建筑群中的第一个古典主义建筑。之后，1663 年，他又修建了牛津大学内的谢尔顿剧院。剧院弧形正面，优雅且壮观，具有新古典主义风格，至今仍是牛津大学校区内的标志性建筑之一。

1666 年，一场大火席卷了整个伦敦城，80% 的住宅、教堂和市政建筑被毁。雷恩在灾难中窥见了机会，他向查理二世（Charles II）递交了一份踌躇满志的计划书，建议对伦敦进行完全彻底的重建，用宽敞宏大的大道取代之前狭窄的中世纪街道。虽然他的计划书没有被采用，但是 1669 年，他却因此获得了一项任命，担任国王御用工程总监，特别是负责 50 多座教堂的重建工程，包括古老的圣保罗大教堂。他也负责设计了这次灾难的纪念碑，一个

几何图像当然要美于任何不规则。

高达 62 米（203 英尺）、多利安式的纪念柱，位于起火地伦敦桥附近，这个纪念碑至今尚存。

圣保罗大教堂的外观是如此的卓尔不群，让人很难理解这座建筑物和之前的教堂以及英国其他教堂之间的差异。经过多次修改，任命委员会转变了观念，最终认可，一个具备来自异教的古罗马建筑元素和意大利风格的建筑应该可以成为英国最重要的基督教教堂建筑。圣保罗大教堂不但庄严雄伟，给人印象深刻，而且优雅精美。

雷恩设计或者负责监工的许多教堂既富有创意，又精美雅致。他也设计了位于格林威治的皇家天文台，他在从事建筑之前是一位天文学家，所以这个工程对他来说实在是太合适了。他最后的作品中包括格林威治医院，即现在的前英国皇家海军学院。格林威治医院位于泰晤士河边，主体是两幢楼，面对着皇后居所，这是由雷恩之前的英国古典主义先驱英尼格·琼斯所设计。

如果说英尼格·琼斯将新古典主义引入英国，那么雷恩则将其发展成一门富有独创性、新颖而含蓄的建筑艺术，使英国的建筑独树一帜，区别于欧洲本土绚烂热情的巴洛克风格和洛可可风格。

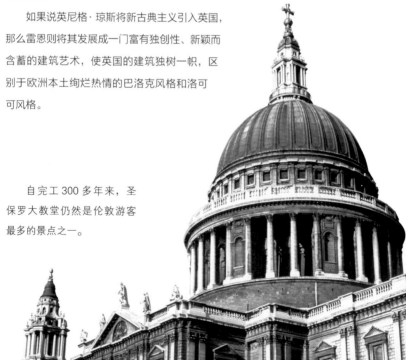

自完工 300 多年来，圣保罗大教堂仍然是伦敦游客最多的景点之一。

古典主义室内设计大师

罗伯特·亚当
ROBERT ADAM

英国古典主义建筑师的三巨头指的是英尼格·琼斯和克里斯托弗·雷恩，最后一位是罗伯特·亚当。罗伯特·亚当无意于发表鸿篇大论，他更关注发展精巧细致、具有特定主题的室内装饰。他的作品广受欢迎，形成了他独特的风格——"亚当式"。

1728—1723 年，生于苏格兰法夫地区柯科迪，卒于英国伦敦。

新古典主义一种成熟形式的倡导者，尤其是在室内设计领域影响巨大。

亚当出生于苏格兰，父亲是建筑师，在爱丁堡开有事务所，生意红火。亚当通过在事务所工作，逐渐习得了建筑技艺。在 26 岁时，他前往欧洲大陆游历，意大利是他游历的重点。在罗马，他邂逅了德国艺术史家约翰·约阿希姆·温克尔曼（Johann Joachim Winckelmann），温克尔曼正在庞贝和赫库兰尼姆的发掘现场狂热地做研究。在那儿，亚当也被皮拉内西（Piranesi）研究的古文物上异乎寻常、稀奇古怪的雕刻所吸引，跟随他学习了一段时间。

四年后，亚当返回英国，开始萃取这些影响中的精华，形成一种新的、兼收并蓄且更为成熟的古典主义。帕拉第奥的追随者们主要从古罗马艺术中寻找灵感，而且认为必须遵循维特鲁威（Vitruvius）和帕拉第奥（Palladio）建筑专著中提出的抽象规则，但是罗伯特·亚当却从自己的游历、博闻广见和许多其他的建筑风格中，如希腊式、拜占庭式和巴洛克式，汲取精华，用于自己具有特定主题的装饰方案之中。例如，伊特鲁里亚人花瓶上的装饰图案被他用来设计奥斯特里公园（1761 年）豪华古宅里的"伊特鲁里亚房"。

富人们热衷于这种新的建筑风格，所以亚当的委托任务纷至脊来。当时，他和弟弟詹姆斯（James）在伦敦共同经营了一家事务所。两兄弟设计、建造或者装饰充满时尚感的居所，经常需要到场监督工程。有时，他们还充当开发商。

不同寻常的是，对于他们建造的房屋，人们给予内部和外部同等的关注。兄弟俩通常会亲历亲为，负责装饰和家具，还经常自己设计家具。1777年，罗伯特·亚当设计的、位于伦敦的霍姆宫就是一个典型例子。霍姆宫是伦敦的一处豪宅，是从另一位建筑师那里接手过来的，它的内部精彩绝伦，特别是玻璃圆顶下悬臂式的环形楼梯，精巧细致，令人叹为观止。

伦敦霍姆宫里令人叹为观止的悬臂式环形楼梯。

1770年，兄弟二人开始建造巴思的普尔特尼桥。这是一座石桥，两岸均是店铺，显而易见是受佛罗伦萨的老桥和威尼斯的里亚托桥的影响（罗伯特曾经游览过这两座桥），但是却以英国人特有的朴素、含蓄风格来修建。

罗伯特·亚当的作品比帕拉第奥更为正式，美国人竞相模仿，但由于独立战争后的爱国理由，"亚当式"成了"联邦式"。他遗作中的另一个要素是他对于室内设计的重视。在他之前，没有人将室内设计放在与建筑设计同等重要的地位，在他之后，也没有人总是这么做。他还创新地将建筑和时尚融合在一起，至今还是争议不断。

古典主义建筑
CLASSICAL ARCHITECTURE

古希腊和罗马的建筑对于西方建筑影响深远。就像他们在法学、哲学、医学和文学等领域里做的一样，欧洲人和美国人总是倾向于在这两个相互联系的古文明中寻找自己的根源，有时甚至是错误的、过分挑剔的。正如"古典"这个词所表达的含义一样，对于古希腊和罗马建筑的理解和欣赏具有极强的回溯性。

古希腊建造了各种各样的建筑物，但只有伯里克利时代的神庙建筑才被视为典范，尤其是帕特农神殿。帕特农神殿坐落在希腊首都雅典卫城，是一座为雅典守护神雅典娜而建的多利安式神庙。公元前447年，波斯侵略者劫掠了雅典城，之后伯里克利开始兴建这座神庙。神庙采用开放式的柱廊和三角楣饰，至今仍是最知名的建筑物之一，在之后的几个世纪里引发了各种形式的模仿，从宏伟的市政建筑和博物馆到郊区房屋的装饰元素，都以帕特农神庙为模仿原型。

然而，直到18世纪，伴随着人们考古认识的细化和不断发展，古希腊艺术和建筑才和之后的古罗马艺术和建筑清楚地区分开来。多亏一些先驱们的研究，例如居住在罗马的德国艺术史家约翰·约阿希姆·温克尔曼，人们对于古希腊文明有了更狂热的认识和理解。不同于广义的古典主义，这些研究进一步巩固了希腊文化的地位。希腊文化在德国和美国具有重要地位，希腊建筑的美学特质也包含着民主愿望和人类美德。

以前，对于古建筑的理解主要源自罗马以及那里的许多遗迹。由于菲利普·布鲁内莱斯基等文艺复兴早期的名人对这些遗迹重新认识、评估，所以这也成为后辈艺术家和建筑师们必定研究的对象。

广场建筑是罗马人高雅城市建筑的代表，而气势磅礴的古罗马斗兽场圆形剧场（始建于公元 70 年左右）则展示了罗马人在工程方面的实力。然而，万神庙却是如此地独具一格。万神庙建于公元 2 世纪，上方是一个巨型穹顶，宽度约 43 米（141 英尺），用不同密度的混凝土建成。神庙中部是引人瞩目的圆形大厅，伴以笔直的门廊。

由于罗马工程师和建筑师马库斯·维特鲁威·波利奥（Marcus Vitruvius Pollio，据说生于公元前 75 年，卒于公元 15 年）的努力，古代建筑的许多知识和原理得以保存。维特鲁威写成了《建筑十书》（他也因此出名），该书在文艺复兴时期和之后广为传阅。他在书中阐明了来自希腊建筑先例的三个所谓的结构，即多利安式、爱奥尼式和科林斯式的正确使用方法（以及它们奇特的来源）。

使我们变得伟大、甚至不可企及的唯一途径乃是模仿古人。

约翰·约阿希姆·温克尔曼

虽然只有为数不多的建筑对后世建筑产生了影响，但是关于古希腊和罗马各个时期建筑的详细研究却更加完整、多层次地展现了古代的建筑。

卡尔·弗里德里希·申克尔
KARL FRIEDRICH SCHINKEL

普鲁士人卡尔·弗里德里希·申克尔是德国最伟大的新古典主义建筑师，他对拿破仑战争后柏林的重建产生了深远的影响。他的建筑生涯丰富多产，启发了多种建筑形态的发展。

1781—1841 年，生于德国柏林附近，卒于柏林。

以多种历史主义建筑风格重塑柏林建筑。

申克尔出生于一个路德教派家庭，父亲是牧师。他求学于建筑师弗里德里希·基利（Friedrich Gilly）及其子大卫·基利（David Gilly），父子俩均是狂热的新古典主义者。申克尔最初是一名舞台设计师，后来才转向建筑设计。在最初的工作中，申克尔将画家富有浪漫主义色彩的想象与客观务实、条理分明的规划方式结合在一起。

1815 年，在普鲁士击败拿破仑的军队之后，申克尔被普鲁士建筑委员会任命为建筑指导，着手柏林总体建设。申克尔希望建造出的建筑物能够体现柏林作为欧洲超级大国的新地位，并改变了城市设计的方式（我们现在称为城市规划）。虽然他的部分更加宏伟的建筑构思只有图纸，没有在现实中建成，但是许多构思已成现实。

1816 年的新岗哨和 1818 年的御林广场剧院（今为音乐厅）展现了一种新的、更加精巧成熟的古典主义。帕拉第奥式建筑主要是向古罗马辉煌成就致敬，而德国古典主义者们则遵循约翰·温克尔曼的著作，向古希腊文明看齐，企望在希腊精神中寻找到德国复兴的出路（他们不会去古罗马文明中寻找出路，因为古罗马是与罗曼语国家一脉相承的，尤其是自己的敌人——法国）。申克尔最著名的古希腊风格作品可能就是柏林老博物馆（1822 年），灵感来自希腊多利安式神庙设计。

德国考古学和学术研究的发展促进了对其他边缘风格的研究。在意大利之行中，申克尔不但对罗马的大师们产生了兴趣，同样也对中世纪、哥特式和伊斯兰教建筑兴趣浓厚。他不但以新希腊风格建筑闻名，而且也是新哥特式风格的先驱，明显的例子莫过于克罗伊茨贝格战争纪念碑（1818—1821年），顶部是一个铁十字，后来成为著名的普鲁士铁十字勋章。他在设计弗里德里希尔德教堂（1824—1830年）时，将新哥特式建筑风格运用于教堂设计，影响巨大。

建于柏林的建筑学院（1831—1834年）采用红砖结构，以实用主义设计风格和装饰少而闻名，这也预示着后来建筑的发展趋势。可惜这幢建筑物在第二次世界大战期间遭到猛烈轰炸后毁坏，不过现在正计划重建。

申克尔建筑作品丰富多样，与那些作品风格统一的建筑师形成了鲜明对照。他折衷地合理利用不同的建筑风格为后现代主义者开了先例，而现代主义的先驱，如阿道夫·路斯（Adolf Loos）和路德维希·密斯·凡·德罗等人，非常崇尚申克尔逻辑严谨、讲求技术的建筑方式，以及朴素的装饰风格。他关于柏林的宏大设计构思也为现代学科城市规划奠定了基础，同时也启发了阿道夫·希特勒和他的建筑师阿尔伯特·施佩尔（Albert Speer）的设计方案。

柏林老博物馆（1822年）可能是申克尔最重要的作品，因为它为德国和其他国家博物馆设计提供了不断被模仿的范例。

20世纪之前的建筑

乔治-欧仁·奥斯曼
GEORGES-EUGÈNE HAUSSMANN

乔治-欧仁·奥斯曼男爵宏伟的城市规划从根本上改变了巴黎，将巴黎改造成我们今天所看到的优雅、理性的现代都市。这个城市规划雄心勃勃：法国首都大部分地区被拆毁，改建成宽阔的林荫大道，环绕纪念碑而建，具有开阔的公共空间，以及合理系统的道路布局。

1809—1891 年，生于法国巴黎，卒于巴黎。

极具影响力的城市规划师和现代巴黎的缔造者。

长期以来，巴黎在欧洲地位显著，但是这座城市也因肮脏拥挤的中世纪街道和贫民窟，以及随之而来的交通拥挤和频繁爆发的霍乱等疾病而臭名昭著。当路易·拿破仑·波拿巴（拿破仑三世）当选为帝国总统后，他开始着手整治这个破败不堪的国家的经济和社会结构，当然也包括

宽阔的林荫大道是奥斯曼为法国首都所设计的规划的主要特色。

对首都巴黎进行大规模改造。这个艰巨的任务交给了乔治 - 欧仁·奥斯曼。奥斯曼并不是一个建筑师，而是文职官员。他出生于新教徒家庭，他的德国名字表明他的家族来自阿尔萨斯区。1852 年，他被任命为塞纳区行政长官后，他规划并监督了这个规模巨大的工程，涉及范围空前绝后。

奥斯曼对巴黎中心地区进行了彻底的重新规划。根据蓝图，巴黎的街道将形成合理的几何形状，而巴黎大多数的中世纪建筑将被拆毁。绿树成荫的宽阔大道连接着新建的火车站、剧院和国家纪念碑或纪念物，如凯旋门。这些大道两边是新开发的住宅楼，法律严格规定了这些住宅楼的整体高度和许多其他的维度，形成统一的美感。部分林荫大道的宽度也是严格限定的，主要是出于工程施工的考虑，例如兴建新的下水道和公共交通系统，这些是城市现代化过程中的核心问题。此外，这些林荫大道还可以起到管理公众的作用，有了大片的开阔地带，民众就更容易用军事管理的方式加以控制。

奥斯曼的规划在很多方面遭到了强烈的反对，包括工程费用高得离谱（总计数亿法郎），主要建筑工程需要耗时 20 多年，这样的话，整座城市会因此瘫痪，同时必然会导致社会贫富混杂状况的改变，穷人因为新住宅楼房租金过高而不得不搬离新的中心区。1870 年，奥斯曼因为太不得人心而最终被解除职务。

但是奥斯曼关于现代巴黎的设计规划仍然是城市规划影响力最大、最广泛的范例，后来的城市规划师们竞相模仿，以奥斯曼的巴黎改造模式来改造维也纳、芝加哥、巴塞罗那、伦敦等一些主要城市。他关于交通规划、公园的作用、控制建筑物高度和公共交通的构想在如今已是理所当然的事，而且关于城市规划的概述也总是被提及。"奥斯曼主义"这个词也被广泛使用，但是褒贬不一，因为他的名字总是与疏远的现代城市生活以及忽视民意、冷漠的官僚主义制度联系在一起。

工业革命和生铁结构
THE INDUSTRIAL REVOLUTION AND IRON STRUCTURES

19 世纪中叶，建筑主要分化成两大类：一种是精致、华美的历史建筑，通常是砖石立面，并且由知名建筑师设计；另一种是没有特色的建筑，经常是出于商业目的而建，譬如，兴建工厂就是工业化和机械化进程的一部分。饶有讽刺意味的是，尽管后者这些建筑物只是由工程师或商人所设计，但正是它们，具有更大的创新性，也推动了随后的建筑创新。

这些商业化建筑一般采用生铁作为建筑材料。在这之前，生铁很少用作建筑材料，如今却可以大量生产。生铁成为工业革命的组成部分之一，可以用于建造铁路、厂房和悬索桥，从根本上变革人类社会。对于那些设计拱廊、温室和火车站的建筑师而言，生铁和玻璃的使用给予他们更大的创作空间，使他们能够设计出更新颖、更有吸引力的建筑结构。

温室或暖房尤其受欢迎，它们提供了一个展示这些新技术的平台。最著名的一个例子是水晶宫，一座长 564 米（1850 英尺）的巨型钢和玻璃结构。水晶宫矗立在海德公园内，是为 1851 年伦敦万国工业博览会所修建，目的是让世界折服于英国的工业实力。水晶宫是一个由预制模块所组成的出色建筑，可以预先制造，容易拆装。更能说明事实的是，水晶宫的设计者约瑟夫·帕克斯顿（Joseph Paxton，1803—1865 年）并不是一个建筑师，而仅仅是一个受过训练的园艺师。

水晶宫不仅展示了这些新建筑方法的潜力，而且也极大地宣传了世界博览会和这种精彩绝伦的建筑特色。如此这般的事例在之后的几十年里陆续在巴黎和芝加哥等一些大城市里上演，激励了新技术的不断发展，以及结构创举的不断出现。

法国工程师古斯塔夫·埃菲尔（Gustav Eiffel）也加入其中，大胆且开创性地设计了一系列生铁桥。为了 1889 年的巴黎世界博览会，埃菲尔从设计和建造这些生铁桥的经历里汲取经验教训，建造了一座高约 300 米（984 英尺）、由四条巨大铁柱支撑的钢铁瞭望塔。这座塔高高耸立在巴黎上空，起初被视为现代主义的丑陋标志，后来逐渐成为了世界著名、最受喜爱的建筑物之一。埃菲尔铁塔一直保持着世界最高建筑物的地位，直到 1930 年纽约克莱斯勒大厦的建成。

> 一切等级的和固定的东西都烟消云散了，一切神圣的东西都被亵渎了。人们终于不得不用冷静的眼光来看他们的生活地位、他们的相互关系。
>
> 卡尔·马克思

由于结构工程和建筑之间的分歧持续拉大，生铁（1860 年后改用钢）和玻璃的使用使未来的建筑师意识到可以尝试新的建筑结构以及新的结构处理方式。玻璃的大规模使用，以及制造工艺的加速成熟，对于早期的现代主义者尤为重要。在美国，创造性地使用钢结构也为高层建筑和摩天楼的建造提供了可能，而这些建筑物正是现代化的象征。

建筑领域工艺美术运动的旗手

查尔斯·弗朗西斯·安斯利·沃塞
CHARLES FRANCIS ANNESLEY VOYSEY

作为工艺美术运动的重要设计师和建筑师，查尔斯·沃塞将工艺美术中的完美事物转化为建筑形式，从而创造出一种持久、充满生活情趣的乡村风格，特别适合郊区住宅。

1857—1941 年，生于英国约克郡赫斯勒地区，卒于英国温切斯特。

工艺美术运动中乡村风格的创造者，在郊区住宅的设计上被广泛模仿。

工艺美术运动建立在一个乌托邦式的理念上，即美感，尤其是回归传统的手工艺，能够治愈因工业革命的破坏而导致的荒芜和社会暴力。受到浪漫主义，尤其是艺术评论家约翰·拉斯金（John Ruskin）的启发，工艺美术运动的实践者们希望回到理想中的过去，那时自给自足的手工业者们住在乡村小屋里。

威廉·莫里斯（William Morris）是这场运动的主要领导者，他兴趣广泛，从诗歌到墙纸无所不包，拥有许多忠实的追随者，但是在建筑领域，工艺美术运动最重要的拥护者则是小个子约克郡人查尔斯·弗朗西斯·安斯利·沃塞。在 1883 年建立自己的事务所之前，沃塞在伦敦为不同的建筑师工作过。在等待业务的空暇，他像威廉·莫里斯一样，开始用重复的图案设计墙纸，事实证明他的设计非常受欢迎，所以他继续为不同的制造商设计墙纸图案。不久，他的事务所有了业务委托，但是令人感到讽刺的是，通常是一些富人委托他设计乡村住宅，因为他们欣赏他的建筑作品拥有一种简单质朴的魅力，又轻松自然、巧妙地带有中世纪和都铎遗风。

他所设计的城市和乡村住宅主要有两大特色：第一个特色是独特的斜尖屋顶，这是对以前茅草房的模仿，不过他用当代的手法来重新诠释，用现代的科技来建造。这些住宅的屋顶通常倾斜度很大，顶

坎布里亚郡的布罗德里斯尽管很大，但建筑风格还是细腻含蓄的。

楼的窗户嵌在屋顶上，营造出一种梦幻般的效果。漆成白色的鹅卵石墙面往往让人想起石灰刷过的中世纪房屋；第二个特色是长长的水平带状窗口，可以充分利用窗景，并且使采光最为充足。如同他所设计的许多样式简洁清新的家具一样，这些建筑预见了后来的现代主义设计。

1900 年，沃塞在北伦敦郊区为自己设计并建造了一幢非常有影响力的房子，他给这幢房子取名"果园"。为了与他矮小的个子相称，房子建得规模较小，而且沃塞精心设计了从建筑物整体到家具和墙纸的每一个元素。1898 年，建于英国北部、俯瞰温德米尔湖的大规模豪华古宅布罗德里斯则是沃塞的另一个杰作。

沃塞不但创造了一种新的乡村建筑风格，而且建造的住宅充分考虑到时代特征和居住者的舒适感，这在世界范围内引起广泛共鸣，并且在郊区住宅的开发中屡屡被仿制。但是，许多仿制他作品的人对于这些作品仅限于肤浅的理解，所以最后导致郊区到处都是木结构房子，很快就被人揶揄为"翻版都铎王朝"。

田园城市
GARDEN SUBURBS

20 世纪初期英国的田园城市，是对几个世纪前乡村田园生活的追忆，同时提供了一剂效力强劲的良方，能够改变现代主义建筑和纪念性建筑对 20 世纪建筑史的主宰。田园城市关注生活质量和公园及城市绿地的使用等方面的情况，这一理念在世界各地被城市规划者和房地产开发商所模仿。

工业革命给予人们的感觉是暴力，这一点在英国明显要比其他欧洲国家更为强烈，它导致大量城市贫困人口生活在肮脏的贫民窟里。明显的不公平导致不同形式的社会主义在欧洲蔓延，包括一种非常英国化、乌托邦式的社会主义，推动了威廉·莫里斯领导的工艺美术运动的兴起。出于对田园式世外桃源的向往，他们期望设计出一个能够让被毁坏的社会再度恢复和谐的环境。

这些想法被城市设计师埃比尼泽·霍华德（Ebenezer Howard，1850—1928 年）应用。他是一个城市理论家，1898 年出版了《明日，一条通向真正改革的和平道路》。这是一本影响巨大的著作，至今仍为城市规划师们所研读，而且任何一个去郊区的人仍然能够体会到书中所传达的思想。很快，这本著作以《明日的田园城市》之名再版，书中详细阐述了霍华德的田园城市观。这是一个由 32,000 人组成、自给自足的城乡结合体。田园城市的总体规划和细则应为人民的健康而设计。霍华德构想出了现在比较普遍的一个观点"分区制"，根据不同的活动和功能来划分区域。田园城市的外围环绕着绿化带，这个想法后来被世界各国的城市运用到城市规划中，其中最为著名的是伦敦。

1903 年，伦敦附近建立了世界上第一个田园城市——莱奇沃思，霍华德的构想变成了现实。巴里·帕克（Barry Parker）和雷蒙德·欧文（Raymond Unwin）是莱奇沃思的总体规划设计师。人们对于这座新城褒贬不一。最初，莱奇沃思吸引了素食主义者和贵格会教徒等反传统主义者，城内禁止出售酒精，这一做法一直持续到"二战"后。

1907 年，伦敦北部地区建立了一个小规模的田园城市——汉普斯特德，这是知名度最高的田园城市。汉普斯特德的中心广场和两座教堂是由埃德温·路特恩斯（Edwin Lutyens）爵士设计，住宅区建筑混合了新乔治亚风格和沃塞风格。在当时，这种建筑风格在从俄罗斯到澳大利亚的各个国家不断被复制，广泛应用于郊区住宅建造中，但是遭到了多数建筑保守派的鄙视。

只有找到一种方法，形成比我们的城市更具吸引力的生存环境，才可以以一种自发健康的方式有效地重新分配人口。

埃比尼泽·霍华德

正是因为现代主义的宗旨在 20 世纪最后几十年里屡遭诟病，而且现代主义领军人物所提出的宏伟住宅建筑方案声誉尽毁，被视为酝酿疏离感、恐惧感和犯罪的摇篮，所以建筑师、城市规划师和地方政府开始再度审视之前被揶揄嘲讽的田园城市模式，旨在找到一种能够使居住者们满意的住宅建筑方案。

格林兄弟
GREENE AND GREENE

格林兄弟发展了一种新的住宅建筑风格，广为流行并被复制，尤其是在他们的家乡加利福尼亚州。他们这些具有开创性的别墅建于 20 世纪前 20 年里，汲取了日式建筑元素，创造出适合悠闲生活、开敞式平面布置的宽敞住宅。

查尔斯·萨姆纳·格林：1868—1957 年，生于美国俄亥俄州辛辛那提，卒于美国加利福尼亚州滨海卡梅尔。

亨利·马瑟·格林：1870—1954 年，生于美国俄亥俄州辛辛那提，卒于美国加利福尼亚州滨海卡梅尔。

推动了不拘泥于传统、崇尚舒适感的现代加利福尼亚式别墅的发展。

查尔斯·萨姆纳·格林（Charles Sumner Greene）和亨利·马瑟·格林（Henry Mather Greene）两兄弟同时入读波士顿的麻省理工学院建筑系，之后两人在波士顿不同的著名建筑师事务所实习、工作。

1893 年，兄弟两人去加利福尼亚小城帕萨迪纳探望父母的途中，参观了芝加哥的世界博览会，接触到了日本建筑，这后来证明对他们的设计哲学起了非常决定性的作用。一年后，他们合作成立了事务所，取名为格林兄弟设计事务所，承接各种类型建筑的设计，包括那些使他们声名远播的住宅。

他们设计的别墅是非常舒适的建筑，综合考虑了住宅的地理位置和加利福尼亚的气候，室内设计与外部统一协调，整体布置开阔通风。他们的作品中最著名的建筑是 1909 年建成的甘博

甘博住宅，格林兄弟最著名的别墅作品，建于 1909 年。

住宅，甘博家族是靠著名的日用消费品公司宝洁公司起家的。他们的委托人甘博家族子孙是典型的新加利福尼亚富豪后代，希望能够树立自己独有的形象和风格。

甘博住宅虽然从建筑类型上看仍属于平房，但是规模大，有三层楼。建筑物与外部的连接方式别具一格，用红杉木建造了大量的阳台、走廊和屋檐，整个设计借鉴了日本传统的寺庙建筑风格。室内采用红木镶板，手工精良，注重细节，与外部浑然一体。

与欧洲工艺美术运动和新艺术运动的其他人一样，兄弟两人强调住宅设计的内外一体化，常常关注住宅内部设计的每一个细节，自己设计家具和配饰，有时甚至连餐具、织物、相框和花窗玻璃都亲自设计。这样，兄弟俩花费的时间远多于预期，常常导致工期延误，从而给两人带来负面影响。1922年，查尔斯搬往滨海卡梅尔，事务所也因此解散。尽管相互间没有任何嫌隙，两人也继续经营各自的建筑事务所，但是他们的黄金创作期已经结束。

格林兄弟设计的开敞式平面布置的别墅在他们事业的全盛期为加利福尼亚式住宅建筑创造了一种非常有影响的现代建筑风格。他们的设计以一种新颖的方式将具有现代感、不拘泥于传统、崇尚舒适感等元素融为一体，形成别具一格的建筑风格，决定性地改变了美国建筑。

新艺术运动

主要特点是大量使用典雅、婀娜的有机曲线。新艺术运动是一种装饰风格，19世纪末在欧洲兴起。从字面上看，新艺术运动就是指"新风格"，等同于德语中的"Jugendstil"（新艺术）和意大利语中的"Stile Liberty"（自由风格）或英语中的"Liberty style"（自由风格）。

具有独创性的新艺术风格建筑师

维克多·霍塔
VICTOR HORTA

比利时建筑师维克多·霍塔男爵是新艺术风格最著名的拥护者，在世纪之交主导了欧洲设计界，通常认为是他将这种独特的建筑风格引入建筑实践的。

1861—1947 年，生于比利时根特，卒于比利时布鲁塞尔。

首位将新艺术风格应用到建筑中的建筑师。

霍塔出生于根特，父亲是一位鞋匠。在根特，他学习了建筑，然后前往巴黎，在那里从事室内设计工作。他热情地融入了法国首都的艺术氛围，紧跟那里的艺术发展步伐。当他父亲去世时，他返回了比利时，重新在比利时皇家艺术学院攻读建筑学。

在他最初完成的一些重要建筑工程中，他和他的老师——比利时国王御用建筑师阿方斯·巴拉特（Alphonse Balat）共同合作设计了拉肯皇家庄园里的一座温室。这些宫殿里有大量华丽的装饰玻璃，他受到启发，开始领悟和接受钢的结构和装饰功用，这也成为他后期建筑作品的特点。

1893 年，霍塔设计了塔瑟尔住宅，被视为新艺术运动在建筑方面的初次重要体现。这个巨大的城市住宅位于布鲁塞尔，采用石头材质立面，以一种非常新颖的方式将华丽装饰和结构特点融为一体。钢和玻璃的大量使用，使建筑物获得了迄今都难以想象的充足光亮。

霍塔早期的室内设计经历也使他对于室内光线和空间有着异乎寻常的敏感，并且在设计中贯彻一种总体概念，即所有元素相互合作，形成和谐一致的美感。玻璃和马赛克等建筑材料的使用，为建筑物增添了一种独特的异国风情。

霍塔在他的设计中运用了新艺术风格中的自然植物造型和复杂精

美的阿拉伯式图案，不仅用于装饰，而且与建筑整体协调一致。他设计的自然形状楼梯饰以铁艺栏杆，通常位于工艺玻璃中庭之下，典雅精美，倍受推崇。这些建筑特点也逐一体现在 1898 年他为自己建造的住宅——霍塔公馆中。霍塔公馆内部保存完好，是充分体现新艺术风格的作品之一。

新艺术运动浪潮很快就过去了，而被现代主义功能美学取而代之，他们认为霍塔的设计华而不实，对其不屑一顾。然而，霍塔继续执业，建造了诸如布鲁塞尔中央火车站（1952 年投入使用）等建筑物，设计风格仍然源于新艺术运动。

霍塔的许多重要建筑作品已被毁，现在只能从照片中窥其真貌，这也从另一方面说明新艺术运动已经被社会抛弃。然而，今天的历史学家们却认为他的作品是联系 19 世纪建筑和 20 世纪现代主义建筑的纽带。在艺术界崇尚幻象的 20 世纪 60 年代，人们又再度唤起了对新艺术运动和霍塔作品的兴趣，而到了 20 世纪 70 年代，霍塔的作品再度广为流行。

霍塔公馆，1898 年，霍塔为自己建造，现为霍塔博物馆。

亨利·凡德·威尔德
HENRI VAN DE VELDE

比利时建筑师亨利·凡德·威尔德是新艺术风格的重要代表人物，他强调发展新艺术风格的功能实用性，为后继者——现代主义奠定了基础。作为一名坚定的教育家，他对他那个时代建筑的发展影响巨大。

1863—1957年，生于比利时安特卫普，卒于瑞士上阿格利。

建筑风格过渡时期的建筑师，发展了新艺术风格的功能实用性。

凡德·威尔德最初是一位画家，之后，他和维克多·霍塔一样，转向室内设计。也和霍塔一样，他在早期的事业中形成了较高的审美观，非常注意细节，特别是定制家具和装饰特点，这也标志着新艺术运动的高潮。但是在艺术和建筑的改造功能方面，凡德·威尔德信奉工艺美术运动和同时代奥地利先锋建筑师们的理想化观点。

凡德·威尔德的处女作——布娄曼沃夫住宅（1895年），是他在布鲁塞尔郊区为自己所建的住宅，以大胆的外形和装饰性木支架而轰动一时。但是，凡德·威尔德在建筑史上占有重要的一席，不只是因为他的建筑作品，也同样因为他在建筑教育和理论上的贡献。他的事业主要在德国，1905年应邀出任魏玛市立工艺和实用美术学校的校长。他设计了学校的建筑楼（1907年），一幢笔直、大量采用玻璃建材的建筑，充分发挥了所用建筑材料的功能。他的另一个作品德国工业同盟剧院（1914年）是对钢筋混凝土结构的初步尝试，进一步拓展了他的设计，也影响了德国表现主义建筑师埃里希·门德尔松（Erich Mendelsohn）。

第一次世界大战期间，凡德·威尔德的比利时国籍给他带来了麻烦，所以校长一职由他的学生瓦尔特·格罗皮乌斯（Walter Gropius）

继任。1919 年，格罗皮乌斯将学校和魏玛美术学院合并，创立了市立包豪斯学校，后来成为 20 世纪现代主义建筑最重要的战车。

他的最后一个建筑作品是书塔，即根特大学图书馆，他作为建筑学教授在那里度过了自己事业的后期。书塔结构简朴，高达 64 米（210 英尺），坐落在城市的最高点，成为当地辨识度最高的地标之一。

在 20 世纪初热烈展开的大讨论中，凡德·威尔德所持的态度与后辈建筑师们泾渭分明。凡德·威尔德认为，技术应该为工业服务，而对于瓦尔特·格罗皮乌斯和现代主义者们而言，技术本身就是目的所在。尽管他的观点最终还是被抛弃了，但是在建筑风格向即将主导 20 世纪的现代主义过渡的时期，凡德·威尔德起着至关重要的作用。

魏玛市立工艺和实用美术学校（1907 年）。

查尔斯·雷尼·麦金托什
CHARLES RENNIE MACKINTOSH

苏格兰建筑师查尔斯·雷尼·麦金托什创立了一种令人瞩目的独特建筑风格，即混合了新艺术风格的自然装饰形式和日式设计风格。这种新的建筑风格，辨识度高，合乎潮流，视设计为整体化设计，不但包括建筑物本身，还包括它们的家具、色彩，甚至印刷字体。

> 1868—1928 年，生于苏格兰格拉斯哥，卒于英国伦敦。
>
> 将新艺术风格和日式设计风格糅合在一起，形成了一种与众不同的风格。

麦金托什出生于格拉斯哥，也在那里度过了大部分时间。他在建筑事务所工作，通过努力逐渐成为哈尼曼和凯匹（Honeyman & Keppie）事务所的合作人，与此同时，他时刻关注欧洲设计、艺术和建筑的最新发展情况，参与国际性的设计竞赛。

麦金托什主要受到当时席卷欧洲的新艺术风格和学院派建筑风格的影响，但是他又添加了新的内容，即日本艺术元素。1844 年，日本结束原本的孤立主义政策，恢复与其他国家的贸易往来，这也使得欧洲的艺术家和设计师有机会接触到一种全新的艺术。正如梵·高（van Gogh）等画家深受日本木雕艺术的影响，麦金托什也受到传统日式家具和房屋设计中简单、优雅和内敛等元素的启发。他在室内使用屏风和微妙的光影效果，而不是常见的华丽装饰。他对色彩的掌控也非常严谨，这一点在他设计的希尔住宅（1903 年）起居室中表现得最为明显。希尔住宅位于格拉斯哥，房间主色调是白色，着以柔和的装饰性润色。

> **构造体应该被装饰，而非装饰被构造。**

位于格拉斯哥市中心的杨柳茶屋（1896 年）充分证明了麦金托什的设计统

一观——从建筑物本身一直小到坐椅、菜单和制服的一切事物均是由麦金托什在妻子玛格丽特·麦克唐纳（Margaret Macdonald）协助下设计完成的。

格拉斯哥杨柳茶屋（1896年）室内，受麦金托什一位忠实顾客的委托而建。

麦金托什承接的第一个重要工程，同样也是他的经典之作——格拉斯哥艺术学院于1899年至1909年间建成。他的观点与工艺美术运动有许多相似性，而设计特点也和工艺美术运动一样，建筑遗迹在其中起着重要的作用。他的英国同辈建筑师，如沃塞，从都铎式建筑中汲取灵感，而麦金托什则更看重苏格兰大宅凯尔特人式的建筑特色，如厚重的砌石。格拉斯哥艺术学院建筑楼富有韵律感，无装饰的立面由厚重的石头砌成，中间嵌有巨大的窗户，以铸铁窗框装饰。正是因为室内设计细节精致，麦金托什突然间成为整个欧洲先锋建筑师们崇拜的偶像。

麦金托什声名远播，尤其是得到奥地利建筑师们的盛赞，因为他们志同道合，他们邀请他在维也纳分离派展厅展出作品。然而在他的祖国，他的创新风格并没有给他带来成功，也没有来自格拉斯哥以外地方的重要设计委托，而他生命中的最后几年是在绘制建筑和风景水彩画中度过的。尽管麦金托什别具一格的创意使他被视为异类，但是他的作品对于那些试图在新艺术运动之后探索新路的设计师来说非常重要，他也赢得了极高的知名度，尤其是他的家具设计和印刷字体。

建筑现实主义的开启者

奥托·瓦格纳
OTTO WAGNER

奥托·瓦格纳是奥地利重要的建筑师、理论家和城市设计师，设计风格多样化。他是维也纳分离派之父，影响了维也纳年轻一代的建筑师，这些年轻建筑师在世界范围内形成了广泛而深远的影响，有时也被称为"瓦格纳学派"。瓦格纳的作品以建筑现实主义或者材料的功能使用而闻名。

1841—1918 年，生于奥地利维也纳，卒于维也纳。

创立了建筑现实主义，启蒙了现代主义。

与其他著名建筑师不同，瓦格纳在维也纳成功地经营着一家大型的建筑师事务所。维也纳是他的家乡，也是当时奥匈帝国的首府。起初，他设计的建筑具有历史主义特质，但是他广泛吸收、借鉴各种建筑风格，逐渐创立了一种非常有独创性的建筑风格。

瓦格纳处在建筑风格转变的过渡时期。他的许多建筑作品对我们今天来说似乎装饰华丽，富有时代魅力，但是对于同时代的人而言，则非常激进和难以理解。他认为，应该开发新的建筑方式来适应新的建筑材料，他的许多建筑作品强调功能，这预见了后来现代主义的口号"形式追随功能"。这一点也明确体现在他无可争议的杰作——奥地利邮政储蓄银行上。该建筑于 1904 年至 1912 年间建成。瓦格纳就这一工程评述道："没有任何地方为了传统形式而作出任何轻微的牺牲。"

这座壮观的六层建筑大楼，按照银行惯例，以大理石贴面。然而，固定大理石贴面板的铝制螺栓没有丝毫掩饰，磨亮后作为一种装饰元素裸露在外面，同时也清楚表明了它们的功能。虽然这种细节处理方式在 20 世纪后期的建筑物上司空见惯，但在当时却是一种了不起的创新。银行内部营业大厅设计独特，在建筑手册上多次转载。天花板是一块双面的巨型拱形玻璃（最初打算用缆绳悬挂），而地板则用玻璃砖铺成。这座建筑物是当时工程史上的伟大杰作，建筑物整体通风透气，采光充足，在后来的公共建筑和企业建筑中被无数次模仿。

瓦格纳曾经为维也纳城市的转变绘制了详细的城市规划图，但是他这份全面的城市规划至今还停留在纸上。唯一成为现实的是城市铁路系统，他和学生设计的车站装饰华丽，到处都是自然的模式，是新艺术风格的典型。他设计的马略尔卡住宅（1898年）是位于维也纳的一座公寓大楼，将装饰风格推向极致，立面覆以彩色瓷砖装饰，这也是这座大楼别名的出处。

令人感到自相矛盾的是，他的另一个工程——1906年建于维也纳的斯坦赫夫教堂——却几乎没有什么装饰。这座教堂触怒了奥匈帝国皇储弗朗茨·斐迪南大公，瓦格纳的事业也或多或少因此终结。瓦格纳对于后世的影响主要有两个：他对材料的功能性使用的关注深深地影响了后继者——现代主义者，而作为崇尚装饰的新艺术运动末期的拥护者，他的建筑风格如今又再度流行。

奥地利邮政储蓄银行（1904—1912年）的室内，瓦格纳无可争议的杰作。

约瑟夫·马瑞亚·奥尔布里希
JOSEF MARIA OLBRICH

奥地利建筑师约瑟夫·马瑞亚·奥尔布里希不但是维也纳分离派创建人之一，而且负责设计了分离派的艺术展览厅——分离派会馆，他也因此声名大噪。他的作品标志着世纪末维也纳装饰潮流达到高潮。

1867—1908 年，生于捷克共和国奥帕瓦（当时是奥地利的特罗保），卒于德国杜塞尔多夫。

维也纳分离派的核心成员和分离派著名艺术展览厅的设计者。

奥尔布里希在维也纳学习建筑，然后加入著名建筑师奥托·瓦格纳的工作室，在那里他很快就显示出自己的才华。据说，他在那里也参与设计了德国版新艺术运动的代表作——维也纳新火车站一些装饰华丽的站点。

通过瓦格纳，奥尔布里希结识了一群艺术家和建筑师，并与他们建立了维也纳分离派。他们这群人包括画家古斯塔夫·克里姆特（Gustav Klimt）和建筑师约瑟夫·霍夫曼（Josef Hoffman）等人。他们希望摆脱让人窒息的传统主义的束缚，营造一个更自由的艺术氛围。

奥尔布里希受托负责设计一座分离派专用的新展览厅，部分建造费用由维特根斯坦家族捐助。这座建筑光彩夺目，新颖独特，是世纪末维也纳奢华风格的精髓之作。整座建筑物由各种各样巧妙排列的连锁立方体构成，但是更令人瞩目的是分离派会馆的装饰。华美镶框的会馆入口装饰着雕带，上面雕画着金叶覆盖的林间空地。雕带上面，是一个非常典雅的圆顶，由镀金的青铜叶子组成，如同皇冠般覆盖在屋顶上。在雕带下面，醒目地镌刻着分离派的宣言："每个时期都有它自己的艺术，而艺术有它自己的自由。"会馆内部装饰与外部一样华美，馆内收藏着画家古斯塔夫·克里姆特最重要的作品之一——贝多芬壁画。

奥尔布里希的作品与英国工艺美术运动和乌托邦式社会主义的信念近似，同样也是受作曲家理查德·瓦格纳（Richard Wagner）所倡导的"总体艺术"观点的启发。奥尔布里希是理查德·瓦格纳的忠实追随者。

奥尔布里希曾写道，他对于这项工程委托欣喜若狂，渴望建造一座如同希腊神庙般神圣而庄重的建筑物。虽然奥尔布里希的作品被人诟病过分的浪漫主义，但是他坚持认为，主观且具有表现力的建筑主要是为了表达建造者的情感，同时希望在那些参观和居住的人身上唤起同样的积极感受，为平凡的生活带来美，而不仅仅是为了实现某一种实用功能。

奥尔布里希坚信艺术应该是纯净自由的，所以他也从事家具和家用器皿的设计。与分离派会馆一样，奥尔布里希设计的餐具及画作也影响广泛，在各地展出，甚至是远在大洋彼岸的美国。在美国，这些作品引起了弗兰克·劳埃德·赖特（Frank Lloyd Wright）的关注，他在欧洲游历时特意去参观了马蒂尔德霍尔艺术家村。奥尔布里希同样也为各式艺术家聚居地和艺术公社设计建筑物，其中包括他受邀为黑森大公恩斯特·路易斯（Ernest Louis）建造，位于德国达姆施塔特城马蒂尔德霍尔艺术家村的格吕克特别墅。

分离派会馆（1898年），既是分离派运动的象征，又是维也纳的标志性建筑。

约瑟夫·霍夫曼
JOSEF HOFFMANN

约瑟夫·霍夫曼是 20 世纪早期奥地利重要的建筑师和设计师，他的设计细节精致，影响广泛。霍夫曼的作品开辟了一种新方法，使工艺适用于建筑。他也是"维也纳工作坊"和德国工艺联盟的创立人之一。

1870—1956 年，生于奥地利比罗汤尼斯（现在位于捷克共和国境内），卒于奥地利维也纳。

为工艺在现代建筑中的应用起开拓作用。

霍夫曼和约瑟夫·马瑞亚·奥尔布里希的经历比较相似，他也曾在奥托·瓦格纳的工作室工作，同样也是维也纳分离派的创始人之一。霍夫曼和其他奥地利年轻进步的建筑师不同，他主要设计豪华的私人别墅和家具，而不是宏伟的公共建筑。他的名声可能更多的是来自于他的室内设计和内部空间感，而不是建筑物的外部设计。

相比于维也纳同时代的其他建筑师，霍夫曼更多地吸收来自其他国家建筑师的影响，特别是苏格兰人查尔斯·雷尼·麦金托什和比利时人亨利·凡德·威尔德。他们和其他新艺术运动的代表人物一样，不但精通纪念性建筑，而且对应用艺术也非常精通并且有兴趣，他们看到了两者之间的连续性。霍夫曼也和工艺美术运动的拥护者一样，坚信工艺能够造福人类，让平凡的生活充满美。

在一位工业富豪的支持下，霍夫曼和其他人合作成立了"维也纳工作坊"，将自己的想法付诸实践。重要的是，"维也纳工作坊"设计的产品，包括陶瓷制品、珠宝、白蜡餐具等，精巧细致，不仅标有设计者的名字，而且标有制作工匠的名字。"10 天制作一件作品好于一天生产 10 件产品"是"维也纳工作坊"的口号，却与现代工业设计形成了鲜明对比。后来，霍夫曼又和其他人共同成立了德国工艺联盟，这个德国组织与"维也纳工作坊"性质相似，但是更倾向于工业生产。

霍夫曼最著名的建筑设计是位于布鲁塞尔的斯托克莱公馆，该工程受一位富有的比利时赞助人委托，于1905年动工。斯托克莱公馆开创了一种全新的奢华建筑风格，屡屡被模仿。嵌板似的外表面明显是受霍夫曼的老师奥托·瓦格纳的影响，勒·柯布西耶对此大加赞赏。但是斯托克莱公馆的名气主要在于内部细节无比精致，装饰超级豪华，让人不禁想起了古罗马、拜占庭和埃及的奢华宫殿。

霍夫曼对于后世的影响比较多元化。他的几何图形装饰风格极大地影响了20世纪30年代流行于世界各地的商业化风格——装饰艺术风格，而"维也纳工作坊"也为德国前卫风格包豪斯开创了一个重要的先例。他的作品也证明了建筑和设计可以既奢华又现代。

位于布鲁塞尔的斯托克莱公馆为细节精致树立了新的标准。

安东尼·高迪
ANTONI GAUDÍ

安东尼·高迪是一位加泰罗尼亚建筑师，设计风格新颖奇特。他设计的建筑风格独特，成为巴塞罗那这个城市的象征。高迪将新艺术风格的自然模式融入西班牙原有的哥特式和巴洛克式建筑元素中，创造出一种不同寻常却又非常受欢迎的建筑风格。

1852—1926 年，生于西班牙加泰罗尼亚自治区雷乌斯，卒于西班牙巴塞罗那。

极具独创性和深受人们喜爱的设计师，建造了巴塞罗那最著名的建筑物。

高迪出生于加泰罗尼亚的一个小村庄，在巴塞罗那学习建筑。他一直在巴塞罗那从事建筑设计，而他设计的建筑将永远改变这个城市的形象。高迪是一个坚定的素食主义者和虔诚的天主教徒，他的一生就如同他设计的建筑物，非常怪异。

高迪初期的作品以哥特复兴风格为主，但是当他接触到席卷整个欧洲的新艺术风格时，他开始逐渐形成自己独特的风格。新艺术运动很重要，原因有很多，其中之一就是它将来自自然界的自然模式引入以直线为主的建筑和设计中。高迪热爱乡村生活，他将这一元素发挥得淋漓尽致，建造出带有坚硬曲线结构的建筑物，让人似乎看到的是自然界，而不是人类建造的巨大建筑物。扬弃建筑学上的几何概念，也是出于对巴洛克建筑和洛可可建筑的打趣。

例如，在桂尔公园（1914 年）里，镶嵌着碎瓷片的阳台蛇行于空中，混搭着多利安式支撑柱。巴特洛公寓（1905 年）和被人们亲切地称为"米拉之家"的米拉公寓（1906 年）是他早期建造的公寓楼，更具独创性。前者的阳台似乎是用巨兽的

直线属于人类，而曲线属于上帝。

骨架做成的，而后者的曲形立面似乎不像是特意的设计，更像是岩石被侵蚀而致。

1882 年，他开始建造自己最伟大的杰作——圣家族大教堂。大教堂是一个奇怪形状和复杂象征意义的怪异集合体。它的四座尖塔（根据设计蓝图，总共需要建造 18 座尖塔）高高矗立，如同纺锤形细长的蚁塔，而建筑物其余部分的装饰非常另类。在事业的最后几十年里，高迪全心全意地投入了圣家族大教堂工程中，他甚至在最后的几年一直住在地下室里，直到被有轨电车撞倒。这座建筑物的设计终稿毁于西班牙内战，直至今日它仍未竣工，虽然工程竣工之日定于 2026 年，即高迪逝世一百周年后。

高迪的建筑作品总是深受大众的喜爱，但是不为建筑界重视。直到最近，他研究过的那些生物形态图形才成为知名设计师和建筑师们认真研究的对象。

圣家族大教堂定于 2026 年竣工，这是高迪最伟大的作品。

阿道夫·路斯
ADOLF LOOS

奥地利建筑师阿道夫·路斯被认为是现代主义最重要的先驱之一，他对于不必要装饰的反对和他的设计同样出名。1908 年，路斯在《装饰与罪恶》一文中甚至将装饰比做罪恶。他认为"文化的进步与从实用品上取消装饰是同义语"，装饰就是"性"，甚至是"堕落"。

1870—1933 年，生于捷克共和国布尔诺（当时是奥匈帝国的一部分），卒于奥地利维也纳。

倡导没有装饰的、干净的建筑形式。

路斯出生于布尔诺（当时是奥匈帝国的一部分），家境贫寒。他四处游历，甚至去了美国，那里的现代化给他留下了深刻的印象。路斯从事过很多种职业，包括

哥德曼与萨拉特西商店，也被称为"路斯之家"（1909—1911 年）。

洗碗工和记者，最后他在奢华的奥匈帝国首都维也纳开始从事建筑业，在那里度过了大部分的建筑生涯。

不仅整个城市充斥着巴洛克式和帝王式建筑，而且维也纳分离派——新艺术运动的维也纳流派——也赞同将艳丽华美的细节运用到一切艺术形式中，包括古斯塔夫·克里姆特的画作、古斯塔夫·马勒（Gustav Mahler）的音乐和约瑟夫·霍夫曼的建筑。

路斯对此严厉指责，认为恰当地使用装饰非常重要，诸如建筑之类的实用品应该注重功用性，而不是将其美化成艺术。和路斯属于同一个文化圈的维也纳哲学家卡尔·克劳斯（Karl Krauss）曾经语带讽刺地说，他和路斯"只不过是想说明壶和尿壶是不同的。而其他人……分成两类，一部分将壶当做尿壶来用，另一部分将尿壶当做壶来用"。

路斯最著名的设计是维也纳哥德曼与萨拉特西商店，通常被称为路斯之家。这个建筑建于1909年至1911年间，原址是一座巴洛克式建筑，它面对着皇家住宅，在维也纳的中心地带占据着显著位置。路斯将他的观点付诸实践，设计极其简单，但是非常合理。

但即使是在建筑过程中，路斯之家干净、没有任何装饰的立面还是遭到了那些已经适应了奢华装饰建筑风格的维也纳民众的愤怒指责。报纸将其比做一个大棚屋，评论家们争先恐后地抗议这个建筑是对公共空间的丑化，政府官员也介入其中，试图终止工程。最终，建筑的立面还是按照路斯的设计保留了下来。尽管路斯后来逐渐退出了这个工程，但是现在看来，哥德曼与萨拉特西商店以及相关的争论在现代建筑史上具有划时代意义。

路易·亨利·沙利文
LOUIS HENRI SULLIVAN

路易·亨利·沙利文是芝加哥学派最重要的建筑师，他延续了 19 世纪建筑的装饰风格，开创性地参与设计了摩天楼这种全新的建筑类型，一些摩天楼的早期经典作品正是出自他的手笔。

1856—1924 年，生于美国马萨诸塞州波士顿，卒于美国伊利诺伊州芝加哥。

钢结构建筑和早期摩天楼的先驱。

沙利文接受过多种形式和多种风格的建筑教育，其中包括他曾在麻省理工学院学习过，在芝加哥不同的建筑师事务所工作过，在巴黎美术学院接受过培训。在巴黎学习期间，他接受了 20 世纪在欧洲具有主导地位的装饰风格的教育。

1871 年，芝加哥大火后，整个城市以一种创新的结构方式进行重建，这种建筑方式对建筑的发展产生了广泛而深远的影响。建筑师和结构工程师不再依赖砖瓦承重墙，而是开始使用能够承重的钢框架建造房屋，这些钢框架能够使建筑物安全而轻松地达到以前难以企及的高度。虽然沙利文不是第一个使用这种新技术的人，但他是第一个将这种技术运用到建筑中、并且形成独特建筑风格的建筑师。在与德国人丹克玛·阿德勒（Dankmar Adler）合作期间，沙利文设计了一系列重要的高层商业建筑，均采用金属框架。

建于圣路易斯的温莱特大厦（1890—1991 年）常常被视为这种建筑风格的第一个杰作。温莱特大厦高达 11 层，独创性的结构与精妙的外部装饰融为一体。建筑物突出强调垂直元素，底层和顶部的装饰形成鲜明对比，为美国和世界各国的办公楼提供了一个可以不断复制的模板。坐落于纽约水牛城的证券大楼（1894—1895 年，现在称为保诚大厦）是用相同的美学原理来建造的新型高层建筑，使用拱形进行装饰，突出立面。

与阿德勒合作关系终止之后，沙利文独立经营一家事务所。1899年，他设计了施莱辛格与梅耶百货公司大楼，这是一座位于街角的大型建筑，现在被称为"沙利文中心"。这座建筑物是沙利文在建筑上的最高成就。精美的铸铁框和外部装饰的赤陶砖与理性实用的楼层平面完全融合在一起。

沙利文对各种玄妙哲学非常感兴趣，包括世纪之交出现的先验论，这些哲学丰富了他的著作。在完成施莱辛格与梅耶百货公司大楼后，沙利文的建筑事业开始走下坡路，部分原因是因为他转向了更加保守的建筑风格。沙利文把很多时间花在写作上。他的著作和他的建筑作品一样出名。1906年，沙利文发表的《摩天办公楼的美学象征》一文最后以"形式永远服从功能"这句经典引语作为总结，这句话作为现代主义的口号响彻20世纪。沙利文也写了一本自传《一个理念的自传》，广为传阅。

沙利文能够在建筑史上占有一席之地，归因于他的信条"形式服从功能"和他在摩天楼初期发展中的开创性作用，但是还有相当一部分原因在于他的学生弗兰克·劳埃德·赖特（Frank Lloyd Wright）的拥护。

施莱辛格与梅耶百货公司大楼的立面，这座建筑物位于芝加哥，现在被称为"沙利文中心"（1899年）。

摩天楼
SKYSCRAPERS

摩天楼不仅是现代主义建筑的精髓所在，而且可能也是20世纪建筑的精华展现。如同法国恢宏的哥特式大教堂，设计这种宏伟壮观的垂直建筑就是为了使人们感到不可思议，肃然起敬。

摩天楼源于参与19世纪七八十年代芝加哥重建工程的建筑师和结构工程师们的聪明才智。他们不再依赖传统的砖瓦承重墙，而是开始利用可以承重的钢框架构，这些钢框架构的巨大力量可以使建筑物达到前所未有的高度。这些多层建筑因为同期技术的发展，尤其是电梯的发展，而变得实用，它们迅速成为公司展示实力和抱负的方式。1896年，路易·亨利·沙利文，芝加哥先锋建筑师之一，曾经写道："摩天楼就必须高，而且要高得彻底。必须能展现其高度的承构力和视觉冲击力，还要使那种欣喜的光芒和傲气也由内透出。"

家庭保险大楼（1884年）是这种新兴建筑方式发展早期最重要的代表作。家庭保险大楼位于芝加哥，高达10层，由建筑师威廉·勒巴隆·詹尼（William LeBaron Jenney）设计。这座大楼使得公众惊叹不已，"摩天楼"这个词也因此流传开来。1902年，22层的熨斗大厦竣工，这是曼哈顿第一座重要的摩天楼，由芝加哥建筑师丹尼尔·伯纳姆（Daniel Burnham）设计。

芝加哥和纽约在建造高楼方面展开竞争，这让人不禁回想起中世纪意大利各个城邦的本位主义，即他们因为自己的城市拥有更高的塔而引以为豪。纽约最受欢迎的两座摩天楼是在摩天楼蓬勃发展的20世纪20年代建造的。优雅的克莱斯勒大楼由威廉·范·阿伦（William van Alen）于1928年设计，高达320米（1050英尺），其建造风格深受装饰美学的影响。帝国大厦紧随其后，在 1930 开始动工，由史里夫、兰布和哈蒙建筑事务所（Shreve, Lamb & Harmon Associates）设计。帝国大厦高达 380 米（1247 英尺），创纪录地达到 102 层，成为世界上最高的建筑物，直到 1974 年芝加哥西尔斯大厦建成，这一纪录才被刷新。

世界各地的大城市金融区跟风建造摩天楼。这不仅是应对昂贵地租的有效措施，而且也是响亮的公司宣言。近期建成的重要摩天楼有：西萨·佩里（César Pelli）设计的位于马来西亚吉隆坡的双子塔（1992—1998 年建成）和福斯特事务所设计的、位于英国伦敦的圣玛丽斧街 30 号（2004 年）。后者因其非正统的圆锥形外形而被昵称为"小黄瓜"。

> **它必须是自下而上巍然高耸，欢跃屹立，成为一幢无可厚非的优秀建筑。**
>
> 路易·亨利·沙利文

迪拜塔高达 800 多米（2625 英尺），位于迪拜新的金融区，是 2009 年全世界最高的建筑物。它的设计者是以设计摩天楼闻名的斯基德莫尔 - 奥因斯 - 梅丽尔建筑师—工程师事务所（Skidmore, Owings and Merrill），灵感源于弗兰克·劳埃德·赖特的一张乌托邦式的素描，图上的摩天楼向天空延伸了 1 英里。

摩天楼展现了 20 世纪的乐观精神，但是在 2001 年的"9·11"事件中，位于曼哈顿世界金融中心的标志性建筑——双子塔毁于一旦，开启了一个新的混乱时代。

現代主義有机建筑大师

弗兰克·劳埃德·赖特
FRANK LLOYD WRIGHT

弗兰克·劳埃德·赖特不仅被认为是美国最伟大的建筑师，而且也是最多产的一位。他设计了 500 多座建筑物，包括现代美国的一些标志性建筑。他的设计将大胆的创意、兼收并蓄的风格和对大自然的敬意融为一体。

1867—1959 年，生于美国威斯康星州里奇兰申特，卒于美国亚利桑那州菲尼克斯。

具有美国特色的现代主义建筑风格的缔造者。

赖特年轻时就不是一个循规蹈矩的人，他没有接受过任何正式的教育，也没有建筑资格证书。他离开家乡威斯康星州，前往芝加哥，投入那里的建筑热潮。他在芝加哥的阿德勒和沙利文建筑事务所工作的时间不长，但是路易·亨利·沙利文却成为他一辈子都尊敬的人。

因兼职而被开除之后，他在 1893 年成立了自己的事务所。赖特忙于设计"草原式"风格的住宅，这种风格的名称源于所建住宅的地理位置，即芝加哥附近的自然风景。和格林兄弟和查尔斯·雷尼·麦金托什一样，赖特也钟情于日式建筑，吸收日式建筑中的元素，创造出新的建筑风格。例如，俄亥俄州斯普林菲尔德的威斯克府（1908 年）显然是一座受日本传统寺庙影响的建筑。

坐落于芝加哥的罗宾私人住宅（1908—1910 年）是赖特的第一个杰作，也是他早期"草原式"风格的最佳代表作。悬臂式屋顶不可思议地延伸着，连接着建筑物的大部分。他的设计突出水平空间，创造重叠空间，从而使整个建筑物轻松惬意，空气流通。

在罗宾私人住宅建造期间，赖特前往欧洲游历。在柏林，他让沃斯默

了解大自然，热爱大自然，亲近大自然。它永远都不会亏待你。

思（Wasmuth）出版发行了他的建筑作品，而这些作品也为他赢得了国际赞誉。他很快返回了美国，经过一番周折，重建了自己的建筑事务所。

流水别墅（1934—1937年）是他最为人称颂的乡村建筑，举世闻名。这座建筑是他为一位富有的出版巨头设计的，它最大限度地利用了建筑物的偏远地理位置，即位于宾夕法尼亚州乡村的一条河上。巨大的混凝土挑台似乎悬挂在崎岖的石头中，如同瀑布不可分割的一部分。流水别墅似乎与自

流水别墅（1934—1937年）是20世纪最著名的建筑物之一。

然风景浑然一体，佐证了赖特所倡导的"自然模式"建筑原则。

他最后一件杰作是纽约古根海姆博物馆，全称"所罗门·G·古根海姆博物馆"，1943年动工，直到他去世的那一年，即1959年才开馆。这座建筑物像一个巨大的倒置蜗牛壳，非常容易识别。参观者乘坐电梯上到博物馆的顶楼，接着顺着螺旋阶梯往下走，绘画作品就挂在阶梯边。建筑物外部的有机曲线和纽约市的直线建筑特色形成鲜明对照。

赖特的建筑在世界范围内影响广泛。他精心地将建筑物的"自然"结构融入周围的环境，并且尊重大自然，为勒·柯布西耶及其追随者提供了一个突破传统束缚的范例。

风格派建筑师

格里特·里特维尔德
GERRIT RIETVELD

格里特·里特维尔德是一位极具创造力的建筑师和家具设计师，他不遗余力地将影响深远的荷兰风格派运动的美学原则介绍到建筑设计中。极度抽象的施罗德住宅是现代主义建筑发展中的一个里程碑式作品。

1888—1964 年，生于荷兰乌得勒支市，卒于乌得勒支市。

第一个倡导在设计中采用极度简洁的几何图形，后来成为现代主义的核心思想。

里特维尔德最初接受的教育是家具木工和珠宝设计，但是他在建立了自己的家具公司后，开始学习建筑。1917 年，他设计了如今举世闻名的"红蓝椅"，然后加入了当时的前卫组织风格派。

荷兰风格派运动是早期现代主义最重要的运动，其名字来自风格派领袖特奥·凡·杜斯堡（Theo van Doesburg）创办的杂志《风格》。风格派理想化的原则就是要实现美的和谐和抽象，这一原则引领着运动的实践者们将自己的创造限制在利用直线图形和黑白基本色的范围内。最著名的风格派实践者是画家皮耶·蒙德里安（Piet Mondrian），但是他的激进美学主要应用在家具设计中，而里特维尔德的设计则对建筑产生了深远的影响。

施罗德住宅是 1924 年由里特维尔德设计的，位于乌得勒支市郊的一幢别墅。它的建造与屋主图卢斯·施罗德 - 施雷德夫人（Truus Schröder-Schräder）密切相关，她是一位思想激进的年轻寡妇。这幢住宅被视为是风格派原则在建筑理念中的严格运用，可媲美于蒙德里安的立体抽象画。它被设计成一个如同雕塑般、严格遵循美学定义的空间，只有单平面和直角。引人瞩目的一点是住宅的窗户必须呈直角敞开，这样才不会影响几何式设计的整体效果。这件作品将纯粹抽象的图案和严格的几何图形组合推至新的高度，也成为现代主义建筑风格的显著特征。

另外一个被后来的现代主义建筑师广泛模仿的特征是别墅的顶层，里特维尔德将其称为"阁楼"。这里没有砌死的砖墙，而是通过移动面板形成开放透亮的空间，可以根据居住者的意愿重新排列。

晚年的里特维尔德抛弃了风格派的极端原则，设计的建筑缺乏在施罗德住宅设计中迸发的惊人创意。这一时期，他最重要的作品是位于阿姆斯特丹的梵·高博物馆，在他去世后的 1973 年建成。

里特维尔德早期的作品，尤其是广受赞誉的施罗德住宅，对 20 世纪两位伟大的设计师——勒·柯布西耶和密斯·凡·德罗——产生了重大的影响。他也为一种可以体现 20 世纪特色、全新建筑风格的形成铺平了道路。

施罗德住宅是唯一一个忠实体现风格派原则的建筑作品。

现代主义之父

勒·柯布西耶
LE CORBUSIER

勒·柯布西耶是继帕拉第奥之后，唯一一位影响和声望都达到最高点的建筑师。他风格多变的建筑作品体现了现代主义不同流派的建筑风格，是现代主义建筑一座无法逾越的高峰。

1887—1965 年，生于瑞士拉绍德封，卒于法国罗克布伦第马丁。

现代主义建筑理论的奠基人。

勒·柯布西耶出生于瑞士，原名查理 - 爱杜阿·让奈瑞（Charles-Édouard Jeanneret）。早年，他四处游历，学习研究不同的建筑风格，从中提炼出具有说服力和影响力的现代主义建筑原则。他的建筑生涯大部分是在法国度过的。

1923 年，他出版了论文集《走向新建筑》，这是现代主义建筑的宣言，也是世界各地新锐建筑师的必读书籍。在书中，他认为建筑和技术可以有效结合，共同创造一个更加公平合理的未来。他认为建筑应该功能大于形式，房屋是居住的机器。勒·柯布西耶采用钢筋混凝土相结合的新建筑方式，甚至比其他建筑师走得更远，他创造出了一种新的建筑风格，成为整个 20 世纪被无数次模仿的典范。

勒·柯布西耶早期具有纯粹风格的重要代表作是萨伏伊别墅（1928—1931 年）。别墅位于巴黎市郊，建筑风格是一种新的古典主义（形式取自希腊神庙），带有新颖、符合时代特征的现代房屋范式。整个建筑物线条清晰，优雅美丽，室内布局新颖（采用坡道，而不是楼梯），这些特点使它成为 20 世纪最著名的建筑物之一。别墅白色抽象的建筑形式被称为国际式建筑风格的最佳范例。

勒·柯布西耶中期最重要的代表是大型住宅公寓建筑——马赛

萨伏伊别墅，是国际式建筑风格最著名的作品。

公寓（1946—1952年），他在设计中成功地将合理主义与城市规划融合在一起。公寓共有12层，可供1600人居住，有多种类型的公寓格局。它可能是战后社会住宅项目中被复制次数最多的公寓楼。而特意在表面留下的混凝土浇筑痕迹也推动了另一风格——野兽主义建筑风格的出现。

朗香教堂（因教堂所在地而得名）标志着勒·柯布西耶建筑风格的巨大转变，和早期作品一样广受赞誉。他不再依赖机器美学，而是采用源自超现实主义艺术的有机雕塑形态。

勒·柯布西耶对于20世纪建筑和规划的重大影响绝不是夸大其词——每一个建筑师都熟知他的主要作品。虽然他倡导冰冷的机器美学，后来被指责过于不近人情，但是他的其他建筑作品，特别是朗香教堂，指向了后现代主义建筑，而且超越了他们自由、充满表现力、雕塑般的形态。

国际式建筑风格

是盛行于20世纪的现代主义建筑的成熟形式，特点是减少使用装饰线脚，通常刷成白色，使用混凝土、玻璃和钢等材料，代表作是勒·柯布西耶的萨伏伊别墅。

现代主义建筑
MODERNISM

现代主义是 20 世纪最重要的文化运动，也是 20 世纪的主流建筑思想。现代主义建筑始于世纪之交，一直持续到 20 世纪 70 年代，表达了先锋或前卫（现代主义的典型用语）实践者们的共同思想，他们积极努力地融入工业化、机械化的新社会环境，满足庞大城市人口的居住要求。

在艺术领域，现代主义的重要代表人物包括文学家法兰兹·卡夫卡（Franz Kafka）和詹姆士·乔伊斯（James Joyce）、音乐家阿诺德·勋伯格（Arnold Schoenberg）和伊戈尔·斯特拉文斯基（Igor Stravinsky）、画家巴伯罗·毕加索（Pablo Picasso）和瓦西里·康定斯基（Wassily Kandinsky）。在建筑领域，勒·柯布西耶、瓦尔特·格罗皮乌斯和密斯·凡·德罗三位巨匠被视为现代主义建筑的重要代表人物，他们开创了一种新的建筑风格，并迅速传播到世界各地。

艺术家们通过西格蒙德·弗洛伊德（Sigmund Freud）等思想家的理论来理解新城市生活环境中人的分裂主体性，而建筑师们则倾向于关注卡尔·马克思的政治哲学，这也使现代主义建筑具有强烈的社会良知。现代主义建筑代表人物中的许多人，尽管不是共产主义者，但是也从共产主义信念和 1917 年的俄国革命中受到了启发。对于大多数现代主义者而言，建筑不只是设计房屋，也包括建立新的社会现实，以及适合现代生活方式的新形式。现代主义建筑师深信技术永远只是一种媒介，它们具有实用性和功能性，用一句经常被引用的话来总结就是"形式服从功能"。

1922 年，勒·柯布西耶提出了"现代城市"的构想，包含了现代主义建筑的许多特征，呈现了一个可供三百万人居住、直线式建筑风格的未来理想城市，城市里的人居住在用玻璃造的高层建筑里，通行于高架道路。高密度地居住在统一的公寓楼里、空间利用完全机械化的构想尽管没有变成现实，但是后来证明非常具有影响力，鼓舞了世界各地的现代主义建筑师们在小范围内实践。

最初，现代主义建筑并不是一种建筑风格，而是一种建筑理论。然而，它内在的形式特征，如合理清晰的建筑结构，采用混凝土、钢材、玻璃等现代建筑材料，非装饰化，开放式空间布局，平屋顶和具有表现力的简单几何形状，很快被 20 世纪 30 年代的国际式建筑风格（因 1932 年的纽约博览会而得名）所吸收。

房屋是居住的机器。

勒·柯布西耶

在 20 世纪三四十年代，许多欧洲现代主义建筑师来到美国，忙于应付那些希望向世界展现出自己现代化一面的公司的委托，逐渐放弃了他们原有的理想和热情，更多地专注于形式。而在世界其他地方，现代主义继续影响着社会住宅建筑。尽管有时设想很好，但由于具体执行得不够好，导致许多项目声名狼藉。

直到 20 世纪 70 年代初，现代主义逐渐在艺术和哲学领域销声匿迹。在 20 世纪 90 年代，诺曼·福斯特（Norman Foster）等当代建筑师所实践的新现代主义崭露头脚，运用了玻璃外墙等现代主义建筑的许多形式元素，但现在却朝着纯粹形式化和商业化趋势发展。

瓦尔特·格罗皮乌斯
WALTER GROPIUS

德国建筑师瓦尔特·格罗皮乌斯在现代建筑师中具有极其重要的地位和影响力。他开创了一种新的建筑结构方式，在设计中可以更多地使用玻璃和平屋顶。在他的领导下，包豪斯学院培养了一代现代主义设计师和建筑师。

1883—1969 年，生于德国柏林，卒于美国马萨诸塞州坎布里奇。

声名显赫的包豪斯创立者和现代主义建筑先驱。

格罗皮乌斯最早结识勒·柯布西耶和密斯·凡·德罗等现代主义建筑未来的代表人物是他在德国建筑师彼得·贝伦斯（Peter Behrens）的建筑事务所工作时。1907 年，彼得·贝伦斯设计和建造的德国通用汽车公司革新了工业建筑，赋予企业一种现代形象。

格罗皮乌斯第一个委托任务也是一家工厂，即位于汉诺威市的法古斯工厂（1911 年）。工厂的建筑结构［与阿道夫·迈

德绍包豪斯校舍：格罗皮乌斯创立了这所学校，并且设计了校舍。

耶（Adolf Meyer）合作设计］将贝伦斯的理念向前推进了一大步。在这里，整个立面以玻璃为主，如同一面玻璃幕墙，一直延伸至转角，没有使用任何明显的结构支撑。这是一次令人惊叹的、完全彻底的技术创新，"幕墙"也成为未来现代主义建筑的典范式特征。

格罗皮乌斯继比利时建筑师亨利·凡·德·威尔德之后，接任了魏玛市立工艺和实用美术学校。在他的开明管理下，学校转变成著名的包豪斯学院，而 20 世纪最伟大的一些艺术家，包括瓦西里·康定斯基、保罗·克利（Paul Klee）、约瑟夫·阿伯斯（Josef Albers）、赫伯特·贝尔（Herbert Bayer）和路德维希·密斯·凡·德罗等，聚集在一起向学生传授最新的现代主义思想。

1925 年，格罗皮乌斯将学校迁到了德绍，并设计了新的校舍——一座标志性建筑，其外部特征就昭示里面正在进行现代主义风格设计教育。这座建筑物也是现代建筑的另一个里程碑，同样拥有一个让人印象深刻的玻璃外墙。两幢平顶大楼通过一幢连桥似的、由细柱支撑的小型建筑连接在一起。

希特勒上台后，格罗皮乌斯前往美国，在马萨诸塞州的林肯市为自己建了一座房子。他通过这座建筑物以及他在哈佛大学的任教将欧洲现代主义建筑的最新发展情况介绍给美国人。

格罗皮乌斯晚年最重要的建筑是泛美大厦（现为都会人寿大厦），建于 1963 年，由格罗皮乌斯与埃默里·劳斯父子事务所（Emery Roth & Sons）、皮耶特罗·贝鲁斯基（Pietro Belluschi）共同设计。这座建筑严格地说来不算是一件成功的作品，58 层高的摩天楼俯瞰着中央车站，雄踞曼哈顿的中心。斑驳的外观虽然通常被指责过于朴素和沉重，却是战后许多商业建筑的典型特征。

尽管格罗皮乌斯在晚年没有创作出可以媲美年轻时令人印象深刻的作品，但他早期的成就绝对可以使他成为 20 世纪设计和现代主义建筑的核心人物。作为声名显赫的包豪斯的启蒙师和创立者，他的影响力贯穿现代主义建筑和设计的发展过程。

路德维希·密斯·凡·德罗
LUDWIG MIES VAN DER ROHE

路德维希·密斯·凡·德罗、勒·柯布西耶和瓦尔特·格罗皮乌斯三人同为现代主义建筑的中流砥柱，但后两人是建筑师和社会空想家，而路德维希·密斯·凡·德罗则在现代主义建筑的其他方面起到典范作用，即严格地简化形式，相当重视细节。

> 1886—1969 年，生于德国亚琛市，卒于美国伊利诺伊州芝加哥。
>
> 现代主义建筑中形式主义风格的行动典范和模仿范本。

密斯·凡·德罗和其余两位（即勒·柯布西耶和瓦尔特·格罗皮乌斯）与他齐名的同时代建筑大师一样，也在彼得·贝伦斯的建筑事务所工作过，然后建立了自己的建筑事务所，设计了一系列轻盈通透的现代主义别墅，主要用奢华的材料加以装饰。这些作品的成功使他受邀参加设计 1929 年巴塞罗那世界博览会的德国馆，而他设计的这件杰作成为现代主义设计的巅峰作品之一。

这座建筑经过重建，现在被称为巴塞罗那馆。建筑结构看似简单，大理石板、珍贵的石头与落地玻璃墙相映成辉，营造出一个缥缈虚无而又奢华的环境。似开似闭的空间消融了内外界限。除了一道大型的水景，装饰被减到最少，仅有一座雕像和一张标志密斯·凡·德罗风格的巴塞罗那椅子。

与其他许多先锋文化人物一样，密斯·凡·德罗于 1937 年离开纳粹德国前往美国，一直定居芝加哥。凭借已有的巨大国际声望，他被任命为现在的伊利诺工学院的建筑系主任。密斯·凡·德罗同时接受了总体规划校园和设计部分校内建筑的委托。他设计的学校建筑包括克朗楼（1950 年），这是一座轻盈的玻璃大楼，似乎四根巨大的

巴塞罗那馆，以简洁的形式和奢华的材料而闻名。

钢梁就可以轻轻松松地支撑起整座建筑物。它例证了密斯·凡·德罗闻名于世的建筑特色——结构简洁，架构清晰。

范士沃斯住宅同样严谨简洁。它建于 1945 年至 1951 年间，是密斯·凡·德罗为伊利诺州普莱诺的一位富商而建。密斯·凡·德罗从巴塞罗那馆设计中提取成功元素，并且运用到度假屋的设计中。由于采用了玻璃墙，这座住宅几乎完全透明，犹如漂浮在草地上一样。虽然它将现代主义建筑风格发展到了新的高度，但因住宅设计所引起的客户和建筑师之间的诉讼同样备受瞩目。

1958 年，他设计了纽约的西格拉姆大厦，这是他最后的杰作，被普遍认为是最伟大的摩天楼之一。大厦以染色玻璃为主，配以镶包着昂贵青铜的窗格，还有满是喷泉的豪华广场。这座 38 层楼的建筑看似简单，却优雅精致，使大厦在曼哈顿众多建筑中独树一帜。材料精挑细选，细节恰到好处——可以用密斯·凡·德罗的著名主张"少就是多"来概括——正是他这个作品的特点，也为未来的简约主义开了先河。

现代主义风格社会住宅奠基人

雅各布斯·约翰内斯·皮埃特·奥德
J. J. P. OUD

雅各布斯·约翰内斯·皮埃特·奥德被视为现代主义建筑奠基人之一。在漫长而丰富的建筑生涯中，他早期设计的、颇具影响力的建筑作品，特别是在 20 世纪 20 年代设计的三个重要的社会住宅项目，使他声名大噪。

1890—1963 年，生于荷兰皮尔默伦德，卒于荷兰瓦瑟纳尔。

现代主义建筑风格的社会住宅先驱。

奥德最初希望成为一个画家，但在父亲的坚持下，他前往伦敦和慕尼黑学习建筑。他为先锋建筑师特奥多尔·菲舍尔（Theodor Fischer）工作。同样，他对美国建筑师路易·沙利文和弗兰克·劳埃德·赖特非常感兴趣，并且和比利时建筑师亨利·凡德·威尔德保持密切的联系，从这些不同的建筑风格和方式中汲取养分，形成自己的功能派风格。

和格里特·里特维尔德（Gerrit Rietveld）一样，他最初是荷兰先锋运动（即 1917 年的风格派运动）的成员，虽然他并没有同样严谨地遵循风格派的设计规则，但是风格派美学原则在他设计的作品中显而易见，尤其是位于鹿特丹市的尤尼咖啡馆（1925 年）的巨大图形立面。

1918 年，奥德 28 岁，但是年纪轻轻的他却被任命为鹿特丹市市政住房建筑师。这一职务使他有机会将功能设计理念和现代主义建筑的简洁原则运用到大型建筑项目中去，为劳动阶级建造社会住宅。荷兰角住宅区（1927 年）和克夫霍克住宅区（1930 年）是他最重要的两个代表作品。这些住宅区一改传统，造型简单，线条流畅，白色墙面，布局合理。荷兰角住宅区以带露台的两层楼排屋为特色，表明现代主义建筑原则也可以用来建造引人注目又令人满意的社会住宅。

他的作品为他赢得了国际声誉。1927 年，他受路德维希·密斯·凡·德罗的邀请，参与设计魏森霍夫住宅群。这是位于德国斯图加特的一个期望值很高的住宅群，也是 1927 年德国工艺联盟举办的国际住宅展的一部分。这 21 座由不同建筑师设计的住宅作为示范设计陈列展出，表明普通人的居住环境是可以改善的。奥德设计了一套洁净透亮的、由五个单位组成的联排住宅。

1933 年，奥德离任，自己开了一间事务所，但是没有设计出任何有名的作品，尽管他在国际上广受欢迎，例如，美国建筑师菲利浦·约翰逊（Philip Johnson）委托他为自己的母亲设计一座住宅，但是一直没有修建。1938 年，奥德设计了位于海牙的壳牌总部大楼，但是大楼的装饰风格令先锋建筑师们一片哗然。

虽然奥德在事业初期就展示出了耀眼的才华，但是他的作品并没有像同时代的大师——勒·柯布西耶、密斯·凡·德罗或瓦尔特·格罗皮乌斯——那样继续发展，不断丰富。然而，奥德设计的社会住宅项目树立了一个新标准，深深地影响着世界各国的社会住宅建筑工程，一直持续到 20 世纪 70 年代。

现代主义建筑中的社会住宅建筑典范：奥德设计的魏森霍夫住宅。

法西斯意大利和纳粹德国的建筑
THE ARCHITECTURE OF FASCIST ITALY AND NAZI GERMANY

现代主义建筑及其各个分支是 20 世纪建筑发展的主流。然而，在意大利墨索里尼和德国阿道夫·希特勒的极权主义统治下，一种截然不同的纪念碑式的建筑风格出现了。虽然这种建筑风格借用了现代主义建筑风格的某些技术元素，但它从总体而言是一种全新的仪式古典主义风格。

众所周知，希特勒是一个失意的艺术家，狂热地喜爱建筑；他在自传《我的奋斗》中详细地讨论了这个话题。1933 年，当希特勒上台后，受到 19 世纪希腊文化和新古典主义建筑师卡尔·弗里德里希·申克尔的启发，他试图按照古希腊的模式重建德国。而现代主义建筑被视为犹太人或布尔什维克主义者的阴谋。

保罗·路德维希·特鲁斯特（Paul Ludwig Troost）是希特勒的首任建筑顾问，他负责修建了艺术之家（1934—1936 年），这是一座位于慕尼黑的美术馆，气势雄伟，装饰简朴，是对多利安式神庙的重新演绎。样式统一、不断重复的圆柱以及对于纳粹党人宣传鼓吹的陪衬作用共同形成了一种形式语言，诠释了这座第三帝国主要建筑设计中最臭名昭著的建筑。

阿尔伯特·斯佩尔（Albert Speer）将这种建筑风格继续发扬光大。1934 年，特鲁斯特死后，他继任。斯佩尔的著名观点是将建筑视为戏剧背景。这一观点在他设计的巨型齐柏林集会场上表现得淋漓尽致，而在此举行的纽伦堡集会充斥着近似宗教般的狂热。斯佩尔又起草了宏伟的方案，对柏林和希特勒的故乡林兹进行重新规划。1938 年，他设计的新帝国总理府成为希特勒的新指挥部。建筑物规模巨大，大量使用大理石，是对权力和统治别出心裁的展示。

在"千年帝国"的宏大构思中，纪念性建筑将以大理石为主的上等建筑材料来建造，这一点非常重要，因为只有这样，建筑物即使遭到毁坏，也会是美丽的废墟。这就是斯佩尔声名狼藉的废墟价值理论。

在法西斯意大利，建筑也同样转向理性的当代新古典主义风格。1935 年建成的维托里奥伊曼纽尔二世纪念堂是罗马市中心的一座巨大的白塔状建筑，非常突兀，华而不实，滞重无趣，与纳粹德国建造的建筑如出一辙。然而，一种不空洞

> **如果帕特农神庙是伯利克里时代的创新精神所在，那么布尔什维克时代的创新精神则通过立体派艺术的痛苦表情来体现。**
>
> 阿道夫·希特勒

浮夸、更加简洁的古典主义流派也涌现了出来。乔瓦尼·圭里尼（Giovanni Guerrini）、埃内斯托·拉·帕拉杜拉（Ernesto La Padula）和马里奥·罗马诺（Mario Romano）为 1942 年世界博览会设计的、用以示范展示法西斯建筑艺术的意大利文化宫是这一流派的典范之作。起伏不平的石灰质立面将古典和现代元素融为一体，预见了之后的后现代主义建筑风格。

这种改良古典主义，具有乔治·德·基里科（Giorgio de Chirico）画作中的一些超现实主义特质，同样也出现在朱赛普·特拉尼（Giuseppe Terragni）的作品里，特别是广受好评的法西奥大楼，是 1936 年建造的位于科莫的法西斯党部大楼。

现代主义功能派建筑先驱

马塞尔·布劳耶
MARCEL BREUER

匈牙利建筑师马塞尔·布劳耶是瓦尔特·格罗皮乌斯的亲密合作伙伴，他设计的建筑风格严谨，细节精致，是国际式建筑风格的典范。马塞尔·布劳耶与格罗皮乌斯、路德维希·密斯·凡·德罗一起在美国推行这种新的现代建筑风格。

1902—1981 年，生于匈牙利佩奇，卒于美国纽约州纽约城。

现代主义功能派建筑师。

布劳耶毕业于包豪斯学院，在学校里接受了正在成形的现代主义创新思想教育。为了保持与包豪斯各种先锋艺术的接触，布劳耶留校教授家具设计。他创新地用钢管制作家具，这是现代主义风格的标志。布劳耶最著名的作品是"瓦西里椅子"，是为了纪念他在包豪斯学院的同事，俄罗斯裔抽象派画家瓦西里·康定斯基。

他在建筑上也展现出了同样的工艺感受力。虽然布劳耶的建筑作品极具功能性，细节精美，但是区别于现代主义风格中源于勒·柯布西耶的简朴元素。"我希望得到一些更简单、更基本、更醇厚和比机器更人性化的东西。"布劳耶如是形容自己的建筑作品。

当现代主义处于德国纳粹的淫威下时，布劳耶跟随他以前的老师格罗皮乌斯首先来到了伦敦，接着又去了美国，他和老师一起在哈佛大学教书和执业。1946 年，布劳耶在纽约建立了自己的事务所。

在美国，布劳耶一开始接到的委托是设计一系列创新的住宅。他很快就将当地的新英格兰建筑风格与从欧洲引进的高度现代主义建筑风格融为一体，并且落实到具体的设计中，如 1940 年设计的木结构的张伯伦别墅。

1953 年，坐落在巴黎的联合国教科文组织总部大厦再度巩固了布劳耶的国际地位。他和伯纳德·柴富斯（Bernard Zehrfuss）、皮埃尔·鲁基·奈尔维（Pier Luigi Nervi）共同设计了这座大楼，采用"Y"形结构优雅地解决了建筑位置不佳的难题。大楼由钢筋混凝土筑成，但是大楼的曲型结构使这种冲击力变得柔和，而曲线也是布劳耶后期建筑中的典型特征。

1961年竣工的圣约翰大教堂，是布劳耶在混凝土建筑上进行的雕塑实验中最困难的一次。教堂的主建筑交替使用沉重的圆柱和蜂窝墙，而兀然独立的钟楼也是用钢筋混凝土建造，形状异常平整。

曼哈顿惠特尼美术馆（1966年）。

这种更自由的建筑方式，摆脱了现代主义的严格苛刻，也同样运用于1966年竣工的曼哈顿惠特尼美术馆。美术馆采用沉重的花岗岩立面，伴以渐进的悬臂，还布满形状不规则的窗户。尽管在建造过程中，它一直是争论的焦点，但现在它却可能是布劳耶知名度最高的一件作品。

布劳耶留给世人的不是独特、创新和备受瞩目的建筑作品，而是他的方式：综合各方面因素，将之视为统一整体，进行仔细周到的设计构思，并且关注细节。通过他的教学和执业，菲利浦·约翰逊（Philip Johnson）和贝聿铭（IM Pei）等美国建筑师接受了欧洲现代主义教育，而这也是他们将来创造美国特色现代建筑风格的工具。

贝特洛·莱伯金
BERTHOLD LUBETKIN

俄罗斯裔建筑师贝特洛·莱伯金是颇具影响力的"特克顿组"创始人，也是将现代主义建筑引入英国的第一人。他将结构主义和高度现代主义原则融为一体，形成一种独特的现代主义建筑风格，成为后来几十年里英国许多大型工程项目的建筑特征。

> 1901—1990 年，生于格鲁吉亚（当时属于俄罗斯）的第比利斯，卒于英国布里斯托尔。
>
> 将现代主义建筑引入英国，并且拥护它。

莱伯金出生于第比利斯，后来前往莫斯科学习艺术，1917 年亲历俄国十月革命，自此以后，他对社会公正一直保持了极高的热情。在莫斯科，他从诺姆·加博（Naum Gabo）、弗拉基米尔·塔特林（Vladimir Tatlin）等俄罗斯结构主义者的激进理论中汲取养分。俄罗斯结构主义将社会责任与未来派的机器美学联系在一起。后来，莱伯金又去了巴黎，结识了勒·柯布西耶，并且师从奥古斯特·佩雷（Auguste Perret），学习现代主义建筑的基础、当时时新的混凝土建筑法。

1930 年，因为不愿意回到斯大林执政的苏联，莱伯金受邀去了英国。20 世纪 20 年代，现代建筑在德国和法国处于鼎盛时期，而英国建筑则落后保守。因为没有广泛接触欧洲大陆激进的新建筑风格，英国建筑无论在设计和施工上都比较传统。不但委托任务很少，而且设计方面的限制也使得建造现代主义建筑的批准很难通过。

莱伯金和其余六位英国建筑师在伦敦建立了"特克顿组"，同时他又和著名的丹麦裔结构工程师奥韦·阿鲁普（Ove Arup）结成合作关系，开始设计能够颠覆英国建筑传统的混凝土结构。刚开始时，他主要设计了一系列动物园建筑，其中包括 1933 年为伦敦动物园所建的企鹅馆，后来成为他杰出的代表作之一。这座令人惊叹的建筑物包括两个相连的曲形坡道，展现了新技术和建筑学的完美结合。

1935 年，海波因特一号竣工，它是位于伦敦北郊海格特地区的两个大型住宅楼中的第一个。海波因特一号将科布森式建筑风格中的严谨精确体现在英国建筑中。它是一幢完全制式化的平屋顶混凝土高楼，充分利用了所在位置的开阔视野。

勒·柯布西耶去英国时也赞扬了这座建筑。

1938 年，莱伯金受芬斯伯里地方议会，即伦敦北部地方政府左翼的委托，设计了一座健康中心。建筑中使用了现代材料，充分体现了提高普通伦敦人生活质量的努力，而这座建筑的成功也使莱伯金赢得了芬斯伯里政府的信任，委托他起草方案重塑地区

伦敦动物园的企鹅池（1933 年）：结构简单，却令人惊艳。

面貌。遗憾的是，这些方案因第二次世界大战的爆发而终止。

莱伯金的新风格建筑与战后工党执政的英国政府所采取的激进措施不谋而合。1946 年，英国国家医疗保健服务体系和现代英国福利制度的创立者安奈林·贝文（Aneurin Bevan）启动了斯巴格林住宅工程，这是用预制混凝土和节约成本的施工方式建造的一系列重要公共住宅项目之一。

不久，莱伯金就对方案表示不满意，宣布退休，回到了乡村农场。但是他早期的建筑已经形成了一种独特的现代主义建筑形式，概括了战后英国重建工程的建筑特色。

后现代主义建筑的探索者

菲利浦·约翰逊
PHILIP JOHNSON

菲利浦·约翰逊是 20 世纪美国著名建筑师之一，他兼收并蓄，但又备受争议。他积极推广普及各种不同的建筑风格。他的建筑生涯持久丰富，从 20 世纪 30 年代高度现代主义建筑时期一直持续到 20 世纪 80 年代后现代主义建筑时期。在此期间，他一直是建筑争论的焦点。

1906—2005 年，生于美国俄亥俄州克利夫兰市，卒于美国康涅狄格州新迦南。

兼收并蓄的现代主义者和后现代主义建筑的领军人物。

约翰逊是起步较晚的建筑师之一，当他设计第一件建筑作品时已经 43 岁了。之前，他从事学术研究、展览策划和建筑评论。1932 年，在纽约现代艺术博物馆，他组织的国际式建筑展览影响重大，为法国和德国现代主义先锋建筑师们赢得了世界范围内的认可。

作为硕士学位学习的一部分，他设计了他的第一件作品，同样也是一件杰作——玻璃屋。这是 1949 年他在新迦南为自己建造的住宅。建筑灵感来自路德维希·密斯·凡·德罗，但是他却将其推到前人未敢企及的极端。玻璃屋最突出的就是对墙体的设计理念，这个透明建筑物其实就是建在浅地基上的玻璃立方体。

虽然约翰逊非常尊敬密斯·凡·德罗，而且和这位德国建筑大师合作设计了影响重大的纽约西格拉姆大厦，但是求索之心和丰富的想象力使他对欧洲现代主义建筑结构产生了怀疑，尤其是欧洲现代主义的左翼政治思想基础无论如何都使他感到厌恶。漂亮但不实用的玻璃屋是他与现代主义的第一次交锋，而争论必将持续。在约翰逊眼中，现代主义的基础理论创造出当代美国建筑从简约主义到后现代主义的各种新风格，而现代主义在剥离了这些理论基础之后，只是形式效果的总体呈现。

从 1967 年到 1987 年是约翰逊的创造高产期，他和约翰·伯奇（John Burgee）在这一时期合作开了一家事务所。以美国为主的一些国家涌现出一大批大规模建筑，建筑风格冒进、混搭，对后来被定义为后现代主义建筑风格的发展起到了推动作用。

1984 年，美国电报电话公司总部大楼（即现在的索尼大厦）竣工，大楼装饰性的齐本德尔式山形墙触怒了现代主义者，它也成为后现代主义建筑中最令人不齿的建筑之一。

稍早前的水晶大教堂（1980 年）坐落在南加利福尼亚，以其独特的方式成为了里程碑式的建筑。这是一个能够容纳 2700 人的巨型结构，被约翰逊视为伟大的作品。这个不同寻常的建筑物包括 10000 块粘合在钢桁架上的反光玻璃，以及两扇高达 27.4 米（90 英尺）的大门，大门由电子操控，便于在特定时刻让阳光和微风进入。

直到约翰逊 98 岁去世（在玻璃屋里），他都是一个备受争议的人。约翰逊是多种彼此冲突的建筑风格的同化者和传播者，对于许多认为他的建筑是服务于潮流的肤浅建筑的人来说，他始终是一个问题人物。然而，他对于当代美国建筑的影响是不可磨灭的，大量由他设计的重要建筑充分证明了这一点。

纽约美国电报电话公司总部大楼（即现在的索尼大厦，1984 年）。

意大利现代设计的建立者

吉奥 · 庞蒂
GIO PONTI

吉奥 · 庞蒂对奠定意大利设计在 20 世纪的卓越地位起了重要作用。他在建筑、工业设计和出版等方面均才华出众，影响深远。在持久而多产的建筑生涯里，他设计了不同风格的建筑，最突出的是在战后重建中，他创立了具有意大利特色的现代建筑风格。

1891—1979 年，生于意大利米兰，卒于米兰。

建立战后意大利设计的卓越地位。

庞蒂在米兰理工学院学了一段时间的建筑，之后该学业由于第一次世界大战爆发，他去服兵役而中止。他在许多事务所工作过，后来他的出版事业和工业设计，以及早期的建筑事业，令他声名大噪。最重要的是，他与其他人一起创办了一本影响广泛的设计和建筑杂志《奥姆斯》，并且在一生中大部分的时间里担任该杂志的编辑。

第二次世界大战结束后，庞蒂的几个重大建筑项目引起了世界的关注。位于委内瑞拉加拉加斯的普兰查特别墅是 20 世纪最有影响力的私人建筑设计之一。庞蒂为富有的委托人建造了一座内部奢华与外部优雅完美融合的别墅，他甚至设计了室内的每一处微小细节。别墅多孔的外表营造出一种轻盈灵动的感觉，完全是庞蒂风格的建筑。

同样，1956 年，庞蒂最重要的建筑设计成就——皮埃利大厦——开始动工。庞蒂与皮埃尔 · 鲁基 · 奈尔维（Pier Luigi Nervi）、阿尔贝托 · 罗塞利（Alberto Rosselli）一起设计了这座 32 层高、玻璃贴面的大厦。这座大厦是受意大利轮胎和塑料制造商委托而建，采用了一种新的巧妙方式，完全不同于美国同行的简洁直接。庞蒂没有使用钢结构，而是用钢筋混凝土建造，大厦的外观不是盒子状，而是直角转角，这样整个大厦的形状就不是很直观，从不同的角度看，会看到不同的形状。

2002 年，皮埃利大厦（现在是地方政府办公所在地）遭到小型飞机撞击，虽然受到部分损坏，但是仍然屹立不倒。因为这件具有悲剧性的事件，政府对大厦进行了重新评估，并且进行清理工作，使大厦外观恢复原貌。

在这个关键时刻，皮埃利大厦得到了人们的赞美喝彩，同时也使得世界各地的建筑委托纷至沓来，有来自伊拉克的（1958 年，国家计划部大楼）和美国的（1971 年，丹佛美术馆）。然而，庞蒂晚期最重要的意大利建筑作品绝大多数与教会有关，包括旧金山（1964 年）和圣卡罗（1967 年）的米兰教堂，还有意大利南部城市塔兰托的一座大教堂（1970 年），立面装饰着精美的花纹。

庞蒂工业设计方面的作品可能比他的建筑作品影响力更大，他设计的一些物品，如为拉·帕沃尼（La Pavoni）公司设计的曲线形、镀铬的浓缩咖啡机和超轻型椅子已经成为现代意大利的象征符号。他的产品设计以及出版事业同样辅助意大利，尤其是米兰，成为精品设计中心，直至今天仍然享有这一盛名。

皮埃利大厦（1956—1960 年）是意大利的第一座摩天楼，至今仍是米兰的标志性建筑物。

20世纪中期的现代主义建筑

具有斯堪的纳维亚特色的现代主义建筑风格创造者

阿尔瓦·阿尔托
ALVAR AALTO

阿尔瓦·阿尔托是国际现代主义建筑的杰出人物之一，是同时代人中知名度最高、影响力最大的建筑师，因为他创立了一种特殊的、具有斯堪的纳维亚特色的现代建筑风格。他的设计糅合了当地的传统元素和以木头为主的材料，以及世界建筑的最新发展成果，具有新颖、持久的效果。

> 1898—1976 年，生于芬兰库奥尔塔内，卒于芬兰赫尔辛基。
>
> 具有斯堪的纳维亚特色的现代主义建筑风格的创造者。

阿尔托很幸运，因为他作为建筑师开始执业时，正赶上芬兰 1917 年从俄罗斯重获独立后的重建时期。虽然阿尔托是一个爱展示自我的人，但是在他的设计中，斯堪的纳维亚建筑风格却是婉转含蓄、约束克制的，同时又表达了与自然界相联系和相融合的意愿。不同于德国和法国建筑领军人物所倡导的机器美学，阿尔托的设计注重简单使用者的感受，最重要的是与自然界的和谐相处。在后一点上，他和弗兰克·劳埃德·赖特观点一致，同样，他的设计也受到了包括赖特在内的许多重要建筑师的欣赏。

虽然阿尔托的建筑生涯很持久，他也非常勤恳，但是他早期的一小部分作品特别受到建筑师们的推崇，尤其是帕米欧肺结核疗养院（1929—1933 年）被视为国际现代主义建筑风格的最佳建筑之一，做到了形式完美和细节无瑕，同时又少有地关注使用者的需求。他将建筑物建在树林中，感性而又合理地使用空间，再加上巨大的窗户，这些特点被 20 世纪后期的医院建筑多次套用。

声名显赫的维普里图书馆（1933—1935 年）进一步突出了他的人文关怀。图书馆最著名的特点是波浪状起伏的木质吊顶。设计的初衷是为了获得听觉效果，但同时又营造出一个有机、温暖的环境。阿尔托也为这个地方设计了三条腿的曲木凳子，非常有名而且大受欢迎。

然而在阿尔托事业早期，玛丽亚别墅（1937—1939年）可能是他最具代表性的建筑作品。木柱和墙体与突兀的白色砖墙以及水泥石砖融为一体，从而实现建筑物与周边自然环境不着痕迹的融合，这种随意质朴的美成为北欧设计风格的特质。

阿尔托后来的一些作品也证明是非常有影响力的，例如珊纳特赛罗市政中心（1952年），大楼使用不加装饰的红砖来体现现代主义建筑造型，大受那些试图寻找混凝土替代物的后辈建筑师们的欢迎。

赛纳约克市政厅（1962—1966年）的瓷砖外墙。

1935年，阿尔托与人合作成立了阿泰克家具公司，现在这家公司仍然在销售他设计的具有斯堪的纳维亚特色的现代主义设计产品。阿尔托设计的许多产品一直非常成功，特别是波形萨伏伊玻璃花瓶。虽然一般说来，这些小规模的设计为阿尔托赢得了更多的声誉，但是他的建筑设计还是深受同行们的尊敬。近年来，坂茂等建筑师对他的作品又重新燃起了兴趣，希望能够形成一种更加生态环保的建筑方式。

社会住宅
SOCIAL HOUSING

社会主义摆脱了工业革命所造成的社会不公平，不断向前发展，而向穷人和弱势群体提供社会住宅的法案成为政治焦点。无论是当地政府还是开明雇主提供的住房，都促使一种新的公共建筑出现。

英国和荷兰早期的建筑主要受到工艺美术运动的影响，但是许多现代主义早期的先锋建筑师首先踏足社会住宅领域。他们相信，建筑可以通过技术创新、合理规划和新建筑结构为社会重塑作出贡献。这些关注集中体现在 1927 年斯图加特国际住宅展的建筑群——白院聚落，由德意志制造联盟设计，路德维希·密斯·凡·德罗监制，知名建筑师们推出了 21 件示范设计作品，集中展出具有现代主义建筑风格的社会住宅范本。其中，雅各布斯·约翰内斯·皮埃特·奥德和勒·柯布西耶两位建筑师设计的社会住宅对现代主义建筑风格的形成至关重要。

1927 年，社会住宅发展中的另一个里程碑在维也纳出现——卡尔·恩（Karl Ehn，他曾是阿道夫·路斯的学生）担任设计的卡尔·马克思大院。这个住宅区只有一公里长，建有 1400 座住宅，大多带有阳台，采用带有拱门的高架状结构，双色调配色方案柔化了巨大构造带来的冲击感。设计灵感来自伦敦的社会主义住宅项目，没有采用现代主义建筑所追求的纯粹形式，这是对居住密度高的住宅区的又一建筑探索，它在 20 世纪最重要和最有影响力的建筑中占有一席之地。

然而，现代主义建筑传统，特别是勒·柯布西耶在他划时代巨作——1953 年的马赛公寓——中所信奉的观点，成为战后社会住宅建设的主导思想。典范模式就是：高层住宅楼，单元式住宅，混合了各种社会公共事业。这个模式作为解决住房问题的低成本方案而广泛套用，但是经常执行得非常不到位，甚至粗制滥造。

到了 20 世纪 70 年代，许多战后所建的现代主义建筑风格住宅区很不得人心，被指责是社会问题的源头，而不是解决方案，与设计初衷背道而驰。因而，许多住宅被拆毁。1955 年建造，位于密苏里州圣路易斯，由山崎实（Minoru Yamasaki）设计的低成本建筑项目普鲁伊特-艾格尔大厦曾经是社会住宅的范本之作，却于 1972 年被炸毁，有些人认为这喻示了现代主义的终结。

在 20 世纪 70 年代，现代主义分崩离析，不谋而合的是，社会主义作为一股重要的政治力量在西方社会的影响力减弱。玛格丽特·撒切尔首相在英国、罗纳德·里根总统在美国推行反社会福利制度的国家政策，进一步导致社会住宅项目在许多国家被撤下议事日程，已经启动的建筑项目也是如此，不得不将建筑重心转向传统的单幢住宅。

> **为普通民众建造再好的房子都不为过。**
>
> 贝特洛·莱伯金

建筑大师们曾经认为自己肩负着为社会大众提供居所的使命，而现在，知名建筑师们全心全意地建造具有文化意义的标志性纪念物，或者为富人们建造一次性的奢华住宅。而社会住宅必然由名气不大的专业建筑师设计。具有创新精神的 BIG 丹麦设计团体，即贝塔洛克·英格尔斯建筑事务所（Bjarke Ingels Group），是现在仍然从事社会住宅设计且具有国际知名度的为数不多的建筑事务所之一。

丹麦战后现代主义建筑风格的倡导者

安恩·雅各布森
ARNE JACOBSEN

安恩·雅各布森是丹麦影响力最大的建筑师和设计师，以一系列经典的现代家具设计作品和建筑作品闻名于世。他的作品体现了一种更加朴素且具有地域特色的战后现代主义风格。

1902—1971 年，生于丹麦哥本哈根，卒于哥本哈根。

发展了具有丹麦特色的现代主义建筑风格。

雅各布森和芬兰杰出建筑师阿尔瓦·阿尔托同处一个时代，他也同样在创新的国际式建筑风格中掺入更多的地域元素，特别是瑞典建筑师埃里克·贡纳尔·阿斯普伦德（Erik Gunnar Asplund）的设计，从而创造出一种独特的北欧设计风格。

雅各布森早期的作品，如他设计的第一个大型公共项目，位于克朗朋博格的贝拉维斯特住宅（1931—1934 年），充分展示了他对于现代主义建筑原则的熟练运用，但是与此同时一种独特的设计风格也逐渐显露出来。不同于阿尔托，雅各布森最重要的作品是他在战后设计的建筑项目。这些作品体现了 20 世纪五六十年代现代主义第三阶段的设计特点，即简单感减少，装饰性增强，同时具有独特的地域风情。

第二次世界大战结束后，雅各布森返回丹麦（由于有犹太血统，二战时他被迫逃亡）。1947 年，他为自己建造了一座砖瓦房，风格看似简单，却赢得了广泛的赞誉。他在设计中避免宏大浮华，相反，更多地关注细节的精美和形式的简约，为 20 世纪六七十年代北欧盛行的现代郊区住宅建筑风格奠定了基础。砖块的大量使用，也是他建筑作品中广受好评的一大特色。

雅各布森对于细节的专注激发了他对于家具设计的热情，同样也是因为受到美国夫妻组合查尔斯与蕾·伊姆斯（Charles and

Ray Eames）的启发。哥本哈根雷迪森萨斯皇家酒店（1957 年）的设计委托为他提供了一个展示才华的理想平台，使他有机会实现整体环境的设计，据说他甚至设计了门把手。这个建筑也带给人们新的启发，即摩天楼这种商业建筑也可以用做宾馆，成为带有精美玻璃立面的宾馆。雅各布森还为大堂设计了"蛋壳椅"和"天鹅椅"，如今已成为象征符号。

比例是关键因素。

　　在牛津大学凯瑟琳学院（1963 年）的设计中，雅各布森更加不厌其烦地追求细节完美。雅各布森坚持在合同中加入一个条款，允许他设计这个新学院里包括从花园到灯罩的所有东西。圣凯瑟琳学院的建筑仍保留了原貌，现在被视为现代建筑结构与园林环境感性融合的完美典范。

　　雅各布森的建筑作品轻灵雅致，结构精练，又遵循形式巧妙的原则。但是，无论他设计的建筑作品是多么的重要和美丽，它们总是被"蛋壳椅"和"天鹅椅"的光芒所遮蔽，因为这两把椅子是战后现代主义的象征。

牛津大学的圣凯瑟琳学院：雅各布森也设计了室内的每一处细节。

奥斯卡·尼迈耶
OSCAR NIEMEYER

现代主义和勒·柯布西耶的思想在世界各地广泛传播，而在巴西，奥斯卡·尼迈耶为其添上了个性特色和华丽外衣，这方面无人能出其右。作品颇丰的尼迈耶不断挖掘钢筋混凝土的雕塑潜质，设计出 20 世纪最具异国风情的一些建筑作品。

1907 年，生于巴西里约热内卢。

发展了一种独特、充满曲线美的现代主义建筑巴西派。

1936 年，勒·柯布西耶受邀前往巴西，为教育卫生部设计一座办公楼。巴西本地建筑师奥斯卡·尼迈耶也参与设计了这座构思巧妙、以百叶窗遮蔽的混凝土高层建筑。

尼迈耶设计的圣母大教堂，位于巴西利亚，如同一个巨型的皇冠。

尼迈耶从现代主义中汲取养分，同时也受到巴洛克建筑的艳丽奢华风格影响，逐渐形成一种独特的新现代主义建筑风格。欧洲建筑师侧重建筑的功能性，而尼迈耶则从感官和情感方面来展示建筑。直角和立方体是现代主义建筑的特点，而尼迈耶却发现可以用钢筋混凝土塑造曲线造型和极具表现力的形状。"你的心中始终记着里约热内卢的山。"勒·柯布西耶曾经这么对他说。

　　这种独特的建筑风格充分体现在尼迈耶的第一个重要作品中，即巴西潘普哈的圣弗兰西斯科大教堂。波浪状的拱形混凝土屋顶看起来像自然形状，却是依靠复杂的结构计算建造而成。后来，尼迈耶接受勒·柯布西耶的邀请，参与设计纽约联合国总部（1947 年），这进一步奠定了他的国际地位。

　　在家乡巴西，尼迈耶受邀参与起草一个大胆创新的建筑方案，即在国家的中心地带划定一个地方，建立一座取名为"巴西利亚"的新首都城市。他的同伴卢西奥·科斯塔（Lucio Costa）负责城市总体规划，尼迈耶则负责赋予这个城市的主要建筑物以戏剧性和纪念性的建筑风格。在设计巴西议会大厦时，他采用巨型比例建造基本结构，以达到令人印象深刻的效果，而设计总统府时，他采用了华丽非凡、向上翘起的拱形。

　　从这些建筑来看，巴西利亚超越了其他所有的现代主义建筑项目，将以往只存在于乌托邦式图纸上的构思变成了现实。尽管巴西利亚宏伟的建筑群像和新颖的城市景观当时被视为现代主义傲慢与失败的象征，但现在却再度盛行。

　　尼迈耶一生信奉共产主义，1964 年军人夺取政权后，他被迫流亡，直到 20 年后巴西重新建立民主政权，他才返回故乡。在他后期的建筑作品中，巴西尼泰罗伊当代艺术博物馆（1996 年）名气最大。博物馆像一只飞碟停在里约热内卢的山上。尼迈耶将现代主义引入拉丁美洲，而且成为当地的建筑主流达数十年之久。虽然人们对他的作品褒贬不一，但是它们却展现了现代主义建筑轻松的一面。

丹下健三
KENZO TANGE

丹下健三是 20 世纪后期最受人尊敬的建筑师之一，他将自己从勒·柯布西耶那里学到的思想和理论，结合日本传统思想，形成了一种精妙、具有地域特色的现代主义建筑风格。他的建筑作品常常因超凡脱俗的美而受到推崇，为重塑战后的日本发挥了积极的作用。

1913—2005 年，生于日本今治，卒于日本东京。

设计了战后日本最具标志性的建筑。

丹下健三是勒·柯布西耶的学生，他非常尊敬老师，和他一起学习的还有勒·柯布西耶的爱徒之一前川国男。

他建立了丹下研究室，许多从这里毕业的学生凭实力获得了成功。丹下健三同时也在东京大学教书。

1949 年，丹下参与设计广岛和平纪念公园，这是一座在国内外都有重大象征意义的大型建筑物。丹下的设计方案严谨节制，取直线形状和底层架空柱及混凝土，遵循柯布西耶的建筑风格，但在具体表现形式上更加细腻精致，毫无疑问体现了日本传统特色。

在他整个职业生涯中，丹下多次谈到传统形式和当代形式的调和是非常困难的，但是他的建筑作品却常常示范性地解决了这个难题。他也同样敏锐地认识到他的设计哲学不应停滞，而应该随着每个项目不断向前发展。

作为建筑师，丹下对城市规划也非常感兴趣。1960 年，他出版了《东京规划》。他设计了一个"新陈代谢"式的建筑结构，25000人住在模块式的建筑里，这些建筑由圆柱支撑，位于东京湾之上。尽管这个宏大的方案没有实行，但是人们普遍认为这是 20 世纪城市规划中最具想象力、也是被研究最多的设计之一。

丹下的模块设计理论影响了 1967 年山梨文化会馆的设计，工作区似乎可以转作居屋之用，下面由一组圆塔支撑。

他最喜爱的设计作品中有两个在本质上完全不同于其他作品。这两个建筑都位于东京，即圣玛丽大教堂和 1964 年的奥运会馆。大教堂高耸的混凝土墙成十字形，契合了丹下试图透过现代主义的镜头来诠释传统建筑的期望。2005 年，丹下在 91 岁高龄时去世，就葬在这座大教堂里，真是再合适不过了。

在设计 1964 年东京奥运会馆国家体育馆时，丹下试图在具体表现日本不断上升的工业实力的同时，又保持建筑物的精致细腻。钢结构屋顶从中心塔螺旋般下降，充分表明他的作品是"结构的表现"，而体育馆的动态形状也受到了世界各地成千上万人的推崇，巩固了他的国际地位。

丹下一直工作到 80 多岁。他是现代日本的象征，而他建立的日本当代建筑传统现在仍然受到重视。

在设计东京圣玛丽大教堂（1963 年）时，丹下从雄伟的哥特式大教堂中汲取灵感，对传统形式进行现代主义风格的诠释。

埃罗·沙里宁
EERO SAARINEN

芬兰裔美国人埃罗·沙里宁在家具和建筑设计领域均享有盛名，他推动现代主义多方面发展，体现了战后美国的乐观主义精神。他的作品促进了现代主义的普及，以及与美国设计主流的融合。

1910—1961年，生于芬兰科尔克纳米，卒于美国密歇根州安娜堡。

设计了美国风格兼收并蓄、极具雕塑感的重要建筑物。

沙里宁出生于建筑师家庭。他的父亲伊利尔凭借自己的能力成为了一名重要的建筑师，设计了赫尔辛基火车站（1914年）等重要建筑。1923年，沙里宁一家迁往美国。他在那里学习了建筑，并在1940年时加入了美国国籍。学习期间，他和查尔斯与蕾·伊姆斯（Charles and Ray Eames）等其他现代主义中期的重要建筑师来往密切。

沙里宁在父亲的事务所里工作，逐渐培养出能够根据委托任务的不同性质来融合各种对比鲜明的建筑风格的实用能力，他并不拘泥于教条式的方式，也无意于形成一成不变、易于辨识的风格。

我们希望乘客们走过建筑物时能够感受到一个完全经过设计的环境。

在底特律市的通用汽车公司技术中心是一座广受好评的公司大楼，以钢和玻璃筑成，细腻精致的细节处理得益于路德维希·密斯·凡·德罗的先例。铝包的穹顶和水塔这两个独立的部分具有雕塑般的特质，但又预示了沙里宁建筑作品未来的发展趋势。

沙里宁最著名的建筑作品其实是对通用汽车公司技术中心设计构

思的不断完善。纽约肯尼迪机场的美国环球航空公司候机楼于1956年动工，1961年竣工。它的曲线形状是艳丽风格和表现主义的结合体，似乎不是用混凝土建成，倒更像是用粘土筑成。

候机楼其实是20世纪50年代后期美国消费品和汽车中浮华的未来派作风在建筑上的体现。它浓缩了飞行的魅力。与此相似的是，在1958年建造的弗吉尼亚州华盛顿杜勒斯国际机场候机楼中，他也设计了骤然下降的线条。但是，这些机场的设计自由大胆，又显得漫不经心，无拘无束，尤其与他之前的作品风格迥异，震惊和困惑了评论家们。

机场大楼设计中的表现主义倾向继续体现在圣路易斯的标志性大拱门上，工程在他去世后的1965年才完工。这座结构简单的巨型拱门（192米/630英尺）是为了庆祝美国西部运动而建，结构巧妙，无论在市内任何地方都可以看见。

纽约肯尼迪机场的美国环球航空公司候机楼。

除了建筑，沙里宁还以有机家具设计而闻名，尤其是他为诺尔家具公司设计的郁金香椅和桌子。而家具设计中的灵性也影响了他的建筑设计，尤其是在设计过程中，他往往会制作大型的建筑模型。

沙里宁死于心脏病。他的英年早逝使美国痛失一位极富创造力的建筑师。他去世前仍处于设计阶段的九个项目在他去世后完工。

约恩·奥伯格·乌松
JøRN OBERG UTZON

很少有建筑师像悉尼歌剧院的设计者、丹麦建筑师约恩·奥伯格·乌松那样，与一个建筑作品如此紧密地联系在一起。毋庸置疑，悉尼歌剧院是 20 世纪最重要的纪念性建筑之一，也是唯一一个在创作者有生之年就被列为世界文化遗产的建筑。

> 1918—2008 年，生于丹麦奥尔堡，卒于西班牙马略卡岛。
>
> 标志性建筑悉尼歌剧院的设计者。

乌松曾与斯堪的纳维亚风格的现代主义者阿尔瓦·阿尔托（Alvar Aalto）和埃里克·贡纳尔·阿斯普伦德（Erik Gunnar Asplund）一起学习，对弗兰克·劳埃德·赖特的作品非常感兴趣，同样也对高度现代主义领军人物的作品兴趣浓厚。乌松也热爱中国、玛雅和伊斯兰等其他文

悉尼歌剧院在 2007 年成为世界文化遗产。

化的建筑，它们丰富了他的形式语言。

乌松擅长创作不同寻常又为大众所喜爱的建筑形式。先进的建筑技术使他可以利用混凝土自由地塑造出复杂的形状和曲线。不同于现代主义建筑以平坦的屋顶作为主要特色，乌松喜爱斜屋顶，尤其是非常引人瞩目的斜屋顶，这也是他最著名的建筑作品的一大特色。

虽然他只是一个名不见经传的建筑师，但是在悉尼歌剧院的国际设计竞赛中，他别出心裁的设计方案引起了其中一位评委的注意，即芬兰建筑师埃罗·沙里宁，沙里宁随后强烈要求将乌松的设计列为胜出者。虽然悉尼歌剧院现在是世界知名的建筑物之一，也是现代澳大利亚的象征，但是它的建造却经历了一番曲折，而且争议不断，一直从 1959 年持续到 1973 年。

设计的灵感来自鸟的翅膀，建筑物高达 60 米（197 英尺）的巨型混凝土贝壳状拱顶将结构工程技术发挥得淋漓尽致，但是也招到同胞奥韦·阿鲁普（Ove Arup）的质疑。奥韦·阿鲁普是 20 世纪最著名的结构工程师之一，也参与了这个项目。建造过程中所出现的困难和开支问题使政府对乌松越来越不满，最终，他被解雇，离开了这个项目。他没有出席建筑物的揭幕仪式，也没有亲眼看到悉尼歌剧院建成后的真面目。尽管他帮助悉尼成为世界关注的焦点，但是悉尼却没有公正地对待他，而世界各地的建筑师和评论家们却震撼于这座建筑物大胆前卫的创意，一些重要建筑工程也向他伸出了橄榄枝。

其中最瞩目的是贝格斯瓦尔德教堂。这是一座位于哥本哈根、精致的玻璃屋顶教堂。还有他为科威特国民大会设计的华盖式结构。教堂虽然用混凝土筑成，但是开敞式的结构显得很柔和，模仿了圆筒形帐篷上扬起的织物。尽管如此，悉尼歌剧院才是他建筑成就的最高峰，改变了人们对于现代澳大利亚的观感，也改变了建筑只是为了建造能够超越现代主义纯粹原则的标志性结构的这一目的。

理查德·诺伊特拉
RICHARD NEUTRA

理查德·诺伊特拉将高度现代主义带入了加利福尼亚，使之适应西海岸的气候和生活方式，从而建造出高雅、清风徐徐的住宅，房子外部的自然风景和线条明晰的内部融为一体。诺伊特拉常为名人设计住宅，他设计的别墅展示了 20 世纪中期加利福尼亚的魅力。

1892—1970 年，生于奥地利维也纳，卒于德国乌珀塔尔。

建造了代表 20 世纪中期加利福尼亚特色的现代主义建筑。

诺伊特拉出生于维也纳，他和其他一些最有创造力和创新性的艺术家一样，成为从中欧到美国的移民大军中的一员。他的求学经历就像是在一一列举 20 世纪最著名的一些建筑师：他曾经在奥托·瓦格纳（Otto Wagner）、阿道夫·路斯、埃里希·门德尔松（Erich Mendelsohn）和弗兰克·劳埃德·赖特的工作室里工作和学习过。当许多欧洲建筑师前往东海岸时，诺伊特拉却接受邀请，前往洛杉矶和他的奥地利移民同伴鲁道夫·辛德勒（Rudolf Schindler）会合。

诺伊特拉建立了自己的建筑事务所，专门设计住宅建筑。他将国际式建筑风格中的几何图形、直线，以及平屋顶和幕墙等元素带入了自己的设计中。诺伊特拉还改动了这种建筑风格，使建造出的住宅更适合他那些富有的客户们，同时也能融入周围的自然景观中。他的建筑风格以干净清爽的线条和大片玻璃为特色，这些早就清楚地表现在他早期最值得称颂的一间别墅作品上，即 1929 年竣工的洛弗尔住宅。这个建筑作品在建筑史上同样有着重要地位，因为它将钢结构、喷射混凝土等商业建筑的施工技术引入了住宅建筑。

考夫曼住宅（1946 年）被视为 20 世纪住宅设计中最成功和最

考夫曼住宅（1946 年），是诺伊特拉广受好评的一件杰作。

重要的一座住宅。诺伊特拉是受同样具有远见的商业巨头埃里希·考夫曼（Erich Kaufman）的委托而设计。10 年前，埃里希·考夫曼曾经委托建造过另一座 20 世纪最重要的住宅，即弗兰克·劳埃德·赖特的流水别墅。和赖特一样，诺伊特拉的设计也是将住宅与周围自然景观完美融合的典范之作，只不过这一次，宾夕法尼亚州的森林变成了棕榈泉镇的沙漠。诺伊特拉采用了简单的矮柱和通往露台的玻璃墙，使建筑物内部与游泳池和沙漠风景融为一体，用令人惊叹的简约方式营造出奢华魅力。

近来，20 世纪中期现代主义的重建运动使人们对诺伊特拉建筑作品又恢复了兴趣，它们不再是过时的建筑，而是时尚的象征。诺伊特拉设计的住宅惬意优雅，出现在好莱坞电影和印刷精美的杂志上，再度影响了加利福尼亚的新住宅设计。然而，人们恢复对他作品的欣赏并不能阻止他的建筑作品被毁的命运。就在 2002 年，他设计的一座位于棕榈泉的住宅被拆毁。

预制建筑的奠基人

查尔斯与蕾·伊姆斯
CHARLES AND RAY EAMES

查尔斯与蕾·伊姆斯是 20 世纪最知名的夫妻组合，他们因为设计了有史以来最有特色、最流行的一些家具，并且将这些创意运用到建筑等其他领域而受到尊敬。他们自己的住宅也是 20 世纪的经典住宅建筑之一，是预制建筑最值得称颂的范例之一。

查尔斯·伊姆斯：1907—1978 年，生于美国密苏里州圣路易斯，卒于圣路易斯。

蕾·伊姆斯：1912—1988 年，生于美国加利福尼亚州萨克拉门托，卒于美国加利福尼亚州洛杉矶。

预制建筑的示范使用。

伊姆斯住宅是著名的"案例研究住宅计划"中的一座住宅，这个计划由约翰·伊坦斯（John Entenza）发起。伊坦斯是《艺术与建筑》杂志的编辑，颇具影响力且思想开明，致力于推广现代主义建筑和杰克逊·波洛克（Jackson Pollock）、马克·罗思科（Mark Rothko）等当代艺术家的艺术。

建造这些示范住宅为的是展示现代主义设计原则的优点，以及按照这些原则建造的住宅优于按照常规和传统设计建造的住宅之所在。他们设计和建造的整个过程被详细记录下来，然后公之于众。许多 20 世纪中期的重要建筑师参与了这个项目，包括埃罗·沙里宁、理查德·诺伊特拉、皮埃尔·科恩格（Pierre Koenig）和拉斐尔·索里亚诺（Raphael Soriano）。

伊姆斯夫妇早就和朋友芬兰裔美国建筑师埃罗·沙里宁合作过，之前他们共同为伊坦斯建了一座自住的案例研究住宅。在这座为他们自己而建的住宅中，他们尝试了一种更独特的玻璃小屋结构。但是由于战后钢材的短缺，工程被延误，工程最终在 1949 年完工，只用了很短的建造时间。

住宅位于陡峭堤岸边的林间空地上，使用工厂定制的标准构件来完成轻质钢框架和玻璃镶板的搭建。一些镶板涂着红黄蓝三原色，具有风格派的特色，而墙体的精致又参考了传统日式建筑。住宅共有两层，通风的起居室被处理成两层楼高，正面使用玻璃，另一侧则用特色的木头镶板隔断。

这座住宅和伊姆斯夫妇设计的家具一样，具有高度现代主义的特质，但是表现形式动人悦目，不同于欧洲大陆现代主义实践者的隆重、严谨和朴素。伊姆斯住宅非常舒适，他们两人生前一直居住在那里，现在作为纪念他们夫妇一生设计成就的纪念馆而保留着。

伊姆斯住宅是新建筑施工方式中的一个重要范例，相对于同时期的建筑师从宏观理论入手，他们则以独创性的方法解决了设计中的问题。最近预制建筑热潮再度兴起，以及20世纪50年代的设计风格又一次受欢迎（大部分归因于伊姆斯设计的家具），使得伊姆斯住宅再次成为研究对象。

伊姆斯住宅是著名的"案例研究住宅计划"中的一座住宅（1949年）。

理查德·迈耶
RICHARD MEIER

理查德·迈耶是美国重要的新现代主义建筑师，以设计大型博物馆项目闻名，其中最引人瞩目的是盖蒂中心。他赖以成名的还有他作品中醒目的白色、纯洁、庄重的设计风格。20世纪80年代，作为建筑最高奖普利兹克奖最年轻的获得者，他星光熠熠。

1934年，生于美国新泽西州纽瓦克。

极富影响力的新现代主义者，尤其以博物馆设计著称。

迈耶是"纽约五人组"之一。1967年，亚瑟·德雷克斯勒（Arthur Drexler）在纽约现代艺术博物馆的一次重要展览会上将一群冉冉上升的建筑设计新星称为"纽约五人组"。这五位建筑师[还包括彼得·艾森曼（Peter Eisenman）、迈克·格雷夫斯（Michael Graves）、查尔斯·瓦格斯梅（Charles Gwathmey）和约翰·海杜克（John Hejduk）]的共同特点是他们都深受现代主义的影响，而那次展览会和随后出版的书使他们名声大噪。他们每人都尽自己的努力来拯救勒·柯布西耶的纯粹主义别墅和格里特·里特维尔德（Gerrit Rietveld）的施罗德住宅所展现出的现代主义早期纯粹形式化的表现形式，并且在新的时代背景下继续使用。

然而，在这五人中，只有迈耶是在努力重现现代主义风格。他延续了现代主义早期的鲜明特色，例如白色的几何形墙和弧形的扶手及楼梯，但是他将它们抽离背景，重新编制，创造出他自己独有的形式语言。和"纽约五人组"中的其他人一样，他对现代主义的哲学和政治理论基础也不感兴趣，只是从现代主义中挖掘雕塑和美学特质来美化当代空间。就这一点而言，迈耶的建筑和简约主义艺术家唐纳德·朱迪（Donald Judd）有不少相似之处，因为朱迪试图将现代主

雅典娜游客中心，位于美国印第安纳州的新和谐村（1979 年）。

义简约到直观的建筑模块。

迈耶在他的设计中强调自然光线，这一点在他的第一个建筑委托中显露无遗，即 1965 年设计的康涅狄格州史密斯住宅。

1979 年竣工的雅典娜游客中心位于印第安纳州历史小镇的新和谐村，这也许是迈耶重构现代主义最成功的公共建筑之一。这座建筑物是一系列重要的博物馆和画廊委托中的一个，其他还包括德国的阿尔普博物馆（1978 年）、法兰克福应用艺术博物馆（1979 年）、巴塞罗那的当代美术博物馆（1987 年）和比佛利山庄的电视机和收音机博物馆。他最重要的委托是加利福尼亚州的盖蒂中心，但是当 1997 年工程竣工时，人们却众说纷纭。

迈耶的设计从事业起步到目前都秉承了统一的风格，这也使得他的作品始终在时尚的浪尖上打转。他设计的建筑物洁白亮丽，为后续的简约主义建筑师们开创了先例。

新现代主义

在建筑领域，新现代主义建筑风格是指 20 世纪 90 年代，建筑风格在经历过后现代主义激进、隐喻的折衷主义后重新回归现代主义的严谨形式。它的主要特点就是使用钢材和玻璃。

理查德·罗杰斯
RICHARD ROGERS

理查德·罗杰斯和诺曼·福斯特（Norman Foster）、詹姆斯·斯特林（James Stirling）使现代英国建筑在世界上拥有一席之地。他的高技派建筑风格洋溢着勃勃生命力，他的建筑作品列入了 20 世纪后期最具标志性、最受欢迎的建筑物之列，深得人心。

1933 年，生于意大利佛罗伦萨。

高技派建筑先驱。

罗杰斯在英国和美国学习建筑，并先后与诺曼·福斯特和意大利建筑师佐伦·皮亚诺（Renzo Piano）合开事务所。1971 年，他和结构工程师皮特·赖斯（Peter Rice）以令人震惊的设计在巴黎蓬皮杜中心设计大赛中胜出。在他的设计中，所有的装备槽和管道系统全部被安装在建筑物的外部，就像意大利面一样，而电梯和扶梯则被安置在透明的圆管内。1976 年，当大楼建成时，震惊了所有人，自此以后蓬皮杜中心成为巴黎主要的观光胜地。这座建筑物也一直是建筑领域高技派运动（也称为结构表现主义）最重要、最受人喜爱的典范之作。高技派运动是在现代主义衰落后兴起的

蓬皮杜中心现在是巴黎主要的观光胜地。

新兴建筑风格。

罗杰斯建立了自己的事务所，之后所接的重要工程是 1984 年完工的伦敦劳埃德大厦。这个建筑物与蓬皮杜中心风格相似，也是"内外翻转"式设计，所有的服务设施安装在外部，以达到惊人的装饰效果。罗杰斯设计的这些建筑因为具有这个特点而被冠以"翻肠倒肚式"之名。

罗杰斯的设计作品夸张，极具时代特色，使他处在与建筑保守派对峙的风口浪尖，最著名的就是他与查尔斯王子的争执。众所周知，查尔斯王子指责他为伦敦国家美术馆扩建而作的设计（未建）是"丑陋的红痈"。这些争议并没有阻挡罗杰斯跻身他那个时代最重要建筑师行列的脚步，大型建筑委托潮水般从世界各地涌来。

罗杰斯近期有两个重要代表作：一是伦敦的千年穹顶（1999 年），但是政治问题以及缺乏一致的使用方案遮蔽了建筑物本身的光芒；二是马德里的巴拉哈斯机场四号候机楼（2005 年），线条缓和的波浪型屋顶和明亮的色彩，营造出分外友好、轻松的环境，展示出设计中的人文主义和生态主义倾向。

理查德·罗杰斯事务所于 2007 年更名为罗杰斯·斯特克·哈勃事务所，是目前规模最大、知名度最高的建筑事务所之一。罗杰斯和他以前的同伴诺曼·福斯特一样，摆脱了当代的后现代主义建筑方式，逐渐形成英国建筑的技术风格，并且成为世界主流的建筑风格。

技术本身不是目的，而是必须致力于解决长期的社会和生态问题。

高技派

作为结构形式主义的一种表现形式在 20 世纪七八十年代兴起。建筑物的新技术元素不再遮遮挡挡，而是呈现在表面，管道系统等结构元素和服务设施全部暴露在外部，起到装饰的作用。

技术派艺术大师

诺曼·福斯特
NORMAN FOSTER

诺曼·福斯特是同时代最有成就的建筑师之一，他的设计展示了高超的技术和精致的细节。福斯特以前人不可企及的精湛技艺让钢材和玻璃等现代主义常用的材料获得了新的生命。

1935 年，生于英国曼彻斯特。

新现代主义建筑的领军人物。

福斯特和理查德·罗杰斯一起读书，一起创办了事务所。不同于罗杰斯以夸张隐喻的形式发展高技派风格，福斯特利用这一风格创造出各种朴素优雅的结构，其精妙的细节处理秉承了路德维希·密斯·凡·德罗和安恩·雅各布森两位现代主义大师的建筑风格。福斯特设计的建筑作品在完美的表面之下却极具独创性（例如，结构简约或者预制建筑），而且他也展现出打破常规、创新构思的天赋，表现最明显的是他对机场和摩天楼的设计。

圣玛丽斧街 30 号（2004 年）是伦敦的一座摩天楼，以"小黄瓜"之名著称，它的曲线形状使它成为世界上最著名的建筑物之一。但是它的曲线形状并不是无根据的——这种形状可以最大限度地降低风力，同时可以控制室内的气体对流运动，减少不必要的热量消耗。这些节能设计，他在法兰克福的商业银行大楼（1997 年）设计中已经预演过了。商业银行大楼不仅是那个年代欧洲最高的建筑物，而且也采用了一系列创新性的生态技术。

"小黄瓜"在形式上的创意其实早在 1986 年竣工的香港上海银行（香港汇丰银行总部）上就出现过。这座大楼斥巨资而建，是那个时代最受推崇的建筑物。它有一个钢铁外壳，楼里面模块状的办公区域自由灵活，好似悬挂在空中。

福斯特声称他根据基本原则来重新考虑机场设计，这是有一定理由的。斯坦斯特德机场（1991 年）是伦敦的第三大机场，福斯特在设计中混合了一些建筑经典设计，建造出一个简单的上下颠倒的建筑物，将所有的服务设施隐藏在一个巨大光亮的木棚似的结构里，让人想起了维多利亚时代火车站斑驳的自然光。这种简单、透气的机场内部处理方式在香港赤腊角新机场（1998 年）中以更大的规模呈现出来。赤腊角新机场建在填海区，结构极其复杂，就像是一只鸟，令人印象深刻。

尽管福斯特的建筑作品大多是大型的公司建筑，但他还是坚持设计的多样化，包括法国南部令人震撼的米洛大桥（2004 年），这是世界上最高、最长的大桥之一。大桥精致优雅的几何结构完美地融入了它所横跨的峡谷中。

福斯特建筑事务所也是世界上最大的建筑事务所之一，在 20 个国家都有办事处，对于世界景观的影响巨大。然而，出自福斯特事务所手笔的大量建筑物大多都呈现出钢筋玻璃塑造的企业形象，尽管是主流，但是过于普通，几乎成了通用形象。

伦敦圣玛丽斧街 30 号（2004 年），因其形状而以"小黄瓜"之名著称。

黑川纪章
KISHO KUROKAWA

黑川纪章是享有盛誉的日本建筑师，受日本传统空间概念的影响，从国际现代主义的功能主义机器美学转向建造构造精妙、空间概念模糊的建筑物。纪章不仅设计了许多大师级的建筑，还撰写了与佛教有着深厚渊源的理论著作。

1934—2007 年，生于日本爱知县，卒于日本东京。

日本"新陈代谢"运动以及后来的"共生"建筑思想的倡导者和领军人物。

在丹下健三的研究室工作时，纪章对于包括他老师在内的建筑师们不加鉴别地将勒·柯布西耶所倡导的机器美学引入日本这种做法表示震惊。纪章对于西方建筑持批判态度，1959 年，他发表了著名的论文《从机器时代到生命时代》，后来成为一次重要的国际旅游展的主题。

纪章在 26 岁时脱颖而出，成为"新陈代谢"派的领军人物。这是一个在 1960 年成立的前卫建筑组织，他们的观点很激进，认为建筑物可以分解和组合，也可以像自然现象一样有机地生长。这个组织与当时在伦敦兴起的、影响广大的"建筑电讯团"有许多共同之处，但它们是两个完全独立的组织。

中银舱体大楼是这一学派最著名的代表作。一堆小型混凝土块包裹着微小廉价的一夜式旅馆房间，像乐高积木一样被搭建在一起。这种未来派的建筑结构在形式上灵活多变，似乎可以根据需要增加或更换相互独立的舱体。

随着纪章对于佛学的兴趣日益浓厚，他开始转向"共生"建筑。这种建筑思想探讨了公共空间与私密空间的关系（例如柱廊或者日式的玄关），使用本地材料和避免明亮的色彩，以及创造出概念模糊、既让人快乐又让人思考的空间的可能性。

1998 年完工的吉隆坡国际机场是他在"共生思想"阶段的杰作。在他的设计中，拥有 5 个跑道的大型机场与周围的热带雨林融为一体，因而广受好评。共生原则不仅体现在建筑与周围植物的和谐共处，而且还包括文化——纪章采用的形式让人想起了传统的伊斯兰文化。2006 年竣工的东京国立美术馆同样例证了他的建筑理论。这座建筑物的立面是模糊的带波纹的玻璃，纪章将其描述为"灰空间"。

纪章去世前一直管理着一家大型的工作室，承接来自世界各地的重大项目。在日本，他是一个重要人物：他的太太是著名影星，他的朋友都是政商名流，他还曾经竞选东京市长（未果）。

纪章关注生态、尊重自然和反复使用等问题，虽然有些想法在刚刚提出时似乎比较小众化，但是至少有一些还是被建筑主流接受了。他早期的模块建筑也是非常有影响的，特别是影响了佐伦·皮亚诺（Renzo Piano）和理查德·罗杰斯等高技派建筑师。

中银舱体大楼（1972年）是日本"新陈代谢"派建筑最重要的代表作。

后现代主义建筑、高技派建筑、当代建筑

让·努维尔
JEAN NOUVEL

多产的法国建筑师让·努维尔享誉国际，是当代建筑师中的佼佼者，他设计了一系列极富想象力又破除常规的建筑。他的设计常常很夸张，对于技术的使用不拘泥于常规，色彩奔放外向。对他的建筑风格，很难进行归类。

1945 年，生于法国富美尔。

标新立异、独具匠心的当代建筑师。

和之前介绍的多位建筑师一样，努维尔的成名作是他的第一个委托，即巴黎阿拉伯世界研究中心。法国总统弗朗索瓦·密特朗发起著名的"大建筑计划"，计划建造一系列地标性的建筑物来彻底改变巴黎形象，而巴黎阿拉伯世界研究中心也是其中一部分。1987 年，努维尔的设计作品竣工，这座建筑物看上去什么都不像，却很快奠定了他在建筑界超级巨星的地位。

在建筑物炫目的南立面，精致的金属百页由计算机分别控制，不断地摆动，采用不同的模式来控制进入建筑物的日光，努维尔利用新的技术手段重新诠释了阿拉伯传统的木制格栅装饰。这座建筑物是巴黎的地标，也展示了努维尔其他多种多样建筑作品的一大特色：尽管这些建筑物没有现代主义或者后现代主义的形式语言和理论基础，但是它们非常现代。

在 2005 年建成的巴塞罗那阿格巴塔中，努维尔采用了与诺曼·福斯特的圣玛丽斧街 30 号相似的圆柱形状。努维尔的建筑色彩缤纷，不像伦敦建筑那样采用无装饰的材料且严守形式戒律。琉璃塔是一座全玻璃、逐渐变细的摩天楼，努维尔为纽约城而设计，现在正在等待建筑许可证，相信会是这个城市里已有的最令人兴奋的摩天楼之一。

巴黎阿拉伯世界研究中心（1980 年）。

努维尔尤其以一系列重要的文化建筑而闻名。2006 年巴黎的盖·布朗利河岸博物馆由红砖砌成，沿着附近的塞纳河蜿蜒而行，而同年建成的明尼阿波利斯市的格斯里剧院是一座由闪闪发光的黑盒子形状的柱子组成，照片投影在柱子上面。早期的卡地亚当代艺术基金会建于 1994 年，以其精细的品质而广受好评。这座建筑物明亮缥缈，主要用玻璃筑成，同时设计中融入了之前就存在的树木，使建筑物和自然风景浑然一体。

努维尔要求很高，他的工作室为世界各地一些重要的建筑委托进行设计。2008 年，他获得了最高荣誉——普利兹克奖，评审委员会高度评价他"极大地扩展了当代建筑的语汇"。虽然他的建筑作品极富创意，衬托出许多当代建筑的千篇一律、单调乏味，但是如今人们渐渐不再狂热地追捧明星建筑师，更加倾向于作者意图不明显、哗众取宠的设计理论。

后现代主义建筑、高技派建筑、当代建筑

解构主义建筑师

弗兰克·盖里
FRANK GEHRY

弗兰克·盖里是一位很受欢迎的当代建筑师。在他的作品——形状怪异、闪闪发光的毕尔巴鄂古根海姆博物馆——获得了令人难以置信的成功后，他又交出了一份星光熠熠的成绩单。他和建筑解构主义潮流密切相关，却一直遭到同时代建筑师的批评。

1929年，生于加拿大多伦多。

备受争议的解构主义建筑设计师。

盖里的设计颇具幽默感，虽然这一点和后现代主义的一些建筑师相似，但是他的幽默并不沉重，而且不参照古典主义，只是公开地嘲弄。例如，1984年的加利福尼亚航空博物馆是盖里早期为洛杉矶奥运会设计的建筑，他将一架退役的战斗机停放在立面上，创造出一种超现实效果，而不是为了媚俗。

之前，盖里主要因为他的"纸上建筑"理论而为建筑界熟知。他在圣莫妮卡为自己建了一幢不同寻常的房子，他在普通郊区住宅的基础上，用一大堆胶合板和波形铁为房子做了不少添加。最后成型的房子没有任何规则的几何图形，看起来像是由碎片临时搭建起来的，断裂不完整，这就是他所创造的无序形式语言。在后来的项目中，他延续了这种形式语言。

瑞士知名家具公司威达委托盖里设计公司在德国威尔城的博物馆。博物馆于1988年建成，雕塑般的结构疯狂古怪，似乎在嘲笑常规建筑，但是这却为盖里赢得了一连串的建筑委托，进行类似的设计。其中最著名的委托就是他的伟大杰作——古根海姆博物馆，位于西班牙北部一个荒弃的工业城市毕尔巴鄂。据说，他受到鱼的启发，才创造出如此稀奇古怪的形状和漩涡，整幢建筑物覆盖着钛制成的鱼鳞，在阳光下闪闪发光，并且反射着亮光。古根海姆博物馆使毕尔巴鄂一夜间就变成了主要的旅游目的地。洛杉矶的沃特·迪斯尼音乐厅同样使用了无序形式语言，只不过这次逐渐下降的金属外部参考的是风帆的形状。

这些倾斜的不规则结构也出现在住宅的设计中，最突出的例子就是加利福尼亚州布伦特伍德的超现实主义住宅施纳贝尔住宅（1990 年）。2003 年，建于苏格兰邓迪的癌症疗养中心——玛吉中心则凸显了盖里设计中柔和、比较克制的一面。

虽然盖里是当代建筑师中鲜有的、能够称得上是家喻户晓的人物，但是他的作品在建筑界却掀起了轩然大波。恶意批评他的人认为他的作品轻浮肤浅、千篇一律，或者认为徒有哗众取宠的外观，根本不考虑使用者或者室内功能。然而，盖里的古根海姆博物馆无可争辩地成为 20 世纪最著名的建筑之一，而且他的建筑风格也和高迪一样，是举世无双的。

洛杉矶沃特·迪斯尼音乐厅（2003 年）。

后现代主义建筑、高技派建筑、当代建筑

罗伯特·文丘里
ROBERT VENTURI

罗伯特·文丘里是战后建筑界的领军人物之一。他不但是著名的建筑师，还是知名学者和理论家。他的建筑作品丰富多样，通常被视为后现代主义建筑，但是他本人并不认同。

1935 年，生于美国宾夕法尼亚州费城。

重要的建筑评论家和颇有影响力的后现代主义建筑师。

文丘里曾经在埃罗·沙里宁和路易斯·卡恩（Louis Kahn）的事务所工作，后来成了一名学者。他在 1966 年写的书《建筑的复杂性和矛盾性》是一系列开创性著作的第一本，书中他向现代主义正统思想发起了挑战，影响很大。他号召"建筑应该致力于提高建筑的丰富性和模糊性，而不是统一性和纯粹性，应该具有对立性和简约化，而不是和谐性和简单化"。

众所周知，他的这段话嘲讽了路德维希·密斯·凡·德罗的名言"少就是多"，并且提出反驳"少就是光秃秃"。尽管他非常敬重现代主义殿堂级人物勒·柯布西耶和阿尔瓦·阿尔托，但他却为持有异议的、正在逐渐兴起的后现代主义建筑指明了方向，虽然文丘里坚持认为他只是批评现代主义后期表现形式的平淡无奇、松散杂乱。

1972 年出版的著作《向拉斯维加斯学习》也引起了争议。这本书是 20 世纪后半段后现代主义和文化理论的重要教科书之一。书中以讽刺的口吻概述了他对于拉斯维加斯高度资本主义化的媚俗之作的欣赏，表现出他对普通人品味的同情，也成功地为电影、音乐和摄影，以及建筑和设计等领域的文化复兴复原了一大批工艺品。

文丘里的著名建筑作品文丘里母亲之家（1963 年）是他事业初期的作品，常被视为后现代主义的第一个设计作品。文丘里以现代

文丘里母亲之家，是文丘里在 1963 年为自己的母亲而设计。

主义者们唾弃的方式，将模具、山形墙和斜屋顶等各种传统元素重新组合，建造出一座引人注目的房子。

1969 年，他和妻子丹尼斯·斯科特·布朗（Denise Scott Brown）合作成立了一家以费城为基地的事务所，在 20 世纪 70 年代承接了许多重要的委托。现在，这家文丘里与斯科特·布朗事务所依然存在。

1991 年，文丘里参加了伦敦国立美术馆扩建部分塞恩斯伯里展览厅的设计，由于查尔斯王子的干涉引起了激烈的争论。最后建成的建筑物采用了平淡谨慎的石头贴面，被指责是大杂烩，而文丘里也错失了一个好机会。同年，文丘里获得了普利兹克奖，评审委员会强调指出他"使建筑主流离开了现代主义"。

文丘里创造出一种冷嘲热讽的折衷主义文化，影响范围远远超出了建筑领域。在建筑领域——尽管他本人并不承认——他给了现代主义重重的一拳，为其他各种各样的建筑流派奠定了理论基础。

后现代主义建筑、高技派建筑、当代建筑

后现代主义建筑
POST MODERNISM

现代主义对建筑师的影响势不可挡，尤其是勒·柯布西耶。直到 20 世纪 70 年代，著名设计师们才开始向现代主义的一些主要理论发起了挑战。

如果说现代主义是与理想主义信念紧密联系，即关于人类社会的理想发展和依靠技术力量来改善人们的生活，那么后现代主义的世界观则比较愤世嫉俗，悲天悯人。他们眼中的世界是断裂的，没有任何一种叙事形式可以主宰整个世界。从建筑的角度而言，后现代主义促使建筑回归传统，这既是一种挑衅行为，又是保守的表现。

后现代主义最著名的代表作是纽约城的一座摩天楼，是美国建筑师菲利浦·约翰逊（他之前是一位非常有影响力的现代主义建筑师）和约翰·伯奇（John Burgee）一起设计的。美国电报电话公司总部大楼（1984 年竣工，现在称作索尼大厦）之所以声名狼藉，是因为它的顶部有一个新乔治亚风格的山形墙，所以大楼被形容为齐本德尔式有脚高橱。这座建筑物引发了阵阵讨伐声，因为在设计中直接引入其他建筑元素通常会被嘲笑为低俗之作，只有低劣的郊区拼凑建筑才会这么做。

另一件经典的后现代主义建筑作品是斯图加特的新国立美术馆，由英国建筑师詹姆斯·斯特林（James Stirling）设计，也是在 1984 年完工。它重现了古希腊建筑的形状和结构，同时又引入了绚丽的色彩元素，例如令人震惊的粉红扶手。它是后现代主义建筑的精髓之作。

20 世纪 80 年代后期，后现代主义处于鼎盛时期，他们与美国总统罗纳德·里根和英国首相玛格丽特·撒切尔等政治保守派持有许多相同的观点。20世纪60年代，伴随着社会住宅逐渐被拆毁，现代主义已经走到了尽头。宏伟的现代主义住宅项目现在被新的小规模工程所取代，这些新工程深受后现代主义影响，在规模上常常比较传统。

后现代主义运动涉及的范围很广，并不局限于建筑领域。事实上，传奇人物奥地利裔意大利工业设计师埃托雷·索特萨斯（Ettore Sottsass）领军的孟菲斯设计集团在后现代主义中影响最大，知名度也最高。孟菲斯设计集团的家具颜色极不和谐，大胆地重新利用传统结构，后来证明极大地影响了包括建筑师在内的其他后现代主义者。后现代主义与解构主义、后建构主义密切联系，而后两者是20世纪90年代末之前许多大学里的主流哲学运动。

后现代主义运动与建筑评论家查尔斯·詹克思（Charles Jencks）也有深厚的渊源。查尔斯·詹克思在他广为流传的

> 尽管建筑语法曾经有规律可循，但现在只有混乱和异议。
>
> 查尔斯·詹克思

著作中反复提到这个主题，不断修正他对后现代主义的看法和定义。某一重要建筑物，例如理查德·罗杰斯设计的劳埃德大厦，是否应该叫做后现代主义建筑，这些现在还是有待商榷的问题。后现代主义运动现在已是声名狼藉，许多作品被认为是肤浅、缺少活力、自命不凡的建筑，而建筑师和评论家常常将"Po Mo"这个后现代主义的英文缩写词用做贬义。

迈克尔·格雷夫斯
MICHAEL GRAVES

迈克尔·格雷夫斯是一位多产、却备受争议的美国建筑师。他在 20 世纪 80 年代设计的一系列重要且极具争议的建筑使他声名大噪，同时奠定了后现代主义建筑在国际建筑领域争议不断、却又是极其重要的地位。

> 1934 年，生于美国印第安纳州的印第安纳波利斯。
>
> 美国后现代主义的领军人物。

和理查德·迈耶一样，迈克尔·格雷夫斯也是"纽约五人组"之一。但是，他很快就迷恋上科森布尔式结构，并在 1969 年普林斯顿的贝纳赛拉夫住宅中表露无遗，而这件作品也使他成为后现代主义的领军人物。他开始将自己从意大利文艺复兴时期的建筑和其他无人问津的建筑传统上提取的元素，以一种看似任性的方式组合运用到自己的作品中。

建于 1982 年的波特兰市政厅是后现代主义发展进程中的一个里程碑式建筑，登上了《时代》杂志和《新闻周刊》的封面。建筑物低矮扁平，窗口狭小，色彩俗丽，大量随意的装饰，其中包括一束蓝色的绸带（其实是用混凝土制成的），这一切都引起了轰动。虽然具有重要的历史意义，但是这座建筑物并没有博得评论家和使用者的欢心。

> 如果我是有风格的，那我并没有意识到。

但是在 20 世纪 80 年代，格雷夫斯与意大利设计团体阿莱西、孟菲斯的合作却取得了巨大的成功，而他为阿莱西公司设计的金字塔型的茶壶使他成为家喻户晓的人物。

瑚玛娜公司位于肯塔基州路易斯维尔的摩天楼就是参考了各种他自认为的"古典"建筑元素，然后组合而成的古怪建筑。大理石的大量使用让人想起了法西斯意大利和纳粹德国时期的纪念碑式建筑物。

他的所有作品中最具争议性的应该是他为迪斯尼公司设计的系列建筑，被著名评论家查尔斯·詹克思斥为"大杂烩"。加利福尼亚州伯班克的迪斯尼大厦（1991年）的立面就像是七个小矮人举着希腊式的三角形山形墙，而两家奥兰多酒店就更加肤浅轻浮。海豚饭店是一个巨大的金字塔形状，顶部是两尊高达17米（56英尺）的巨大海豚雕像，而它的姐妹建筑的顶部则是同样大小的两尊天鹅雕像。这两座建筑建于1990年，中间隔着一个九

格雷夫斯备受争议、不得人心的波特兰市政厅（1982年）。

层楼高的巨大水饰，让人不禁想起了罗马巴洛克式建筑中的石窟和喷水池，这种重新诠释表现出佛罗里达的浮华。

格雷夫斯现在管理着两家事务所，一家专门从事建筑设计和室内设计，而另一家主要从事产品设计和制图，其风格仍然秉承后现代主义风格。

虽然格雷夫斯的声誉，和后现代主义一样，现在可能处于低迷时期，但是20世纪末期的建筑史如果没有了他的独特创作就会变得不完整。他对于传统元素的运用受到了文化保守派们的支持，推动新古典主义主题在美国市政建设和住宅建筑中重新复苏。

深受众人喜爱的概念派建筑师

伊东丰雄
TOYO ITO

拥有众多崇拜者的日本建筑师伊东丰雄深受同时代人的尊敬，是因为他不断变换、非常激进的建筑环境概念，还有他设计的一些飘浮、通透的建筑。他的设计纯净、绝不妥协，这使他的作品鲜有成为实体建筑，同时意味着他不可能和许多同时代的建筑师一样拥有一份骄人的成绩单。

1941 年，生于韩国首尔。

概念派建筑师，他的建筑理念和他的建筑作品同样具有影响力。

丰雄曾在菊竹清训的建筑事务所工作，他的建筑事业也是从那里起步的。菊竹清训是"新陈代谢"运动的领军人物之一，坚信真正的模块建筑能够改变社会。当运动逐渐消亡时，运动目标就只是无望的乐观，而丰雄则立刻醒悟，通过自己的努力，创造了一种完全不同的建筑形式，建造出朴素适度的建筑物。

1971 年，丰雄成立了自己的工作室，取名为"Urbot"（城市机器人），8 年后改成比较惯用的名称"伊东丰雄建筑事务所"。一开始，他主要设计各种低调保守的住宅建筑，其中包括赢得广泛赞誉的中野本町之家。这座建筑物是为他的姐姐而设计，朴实无华，极度内敛，由单层 U 形混凝土建筑构成，简约的室内部分朝向中庭，好像在守护着中庭，隔断了外部世界。

丰雄改进了这种极端的设计，设计出通透、轻盈的建筑。这些特点集中体现在他为日本北部城市仙台设计的仙台媒体中心上。这座建筑于 2001 年建成，

不管是在建筑物里，还是在城市里，我们都穿越在符号漂浮的世界里，利用这些符号，我们可以创造出属于我们自己的空间意义。

拥有一系列灵活、可以演变的空间。其实从根本上看，它是一座由精致的不规则圆柱和拱形支撑起来的玻璃立方体，具有一种独特的柔弱感觉。

丰雄的概念方法帮助他设计了各种各样的当代结构，以及一系列重要的国际展览会，但是他也设计了东京一些中规中矩的零售建筑。

随着他的理念逐渐融入更广阔的建筑领域，最终他也收到了重大建筑设计委托，他的影响进一步扩大。2009年，令人瞠目的中国台湾高雄市世界运动会主会场为这一风格增添了新的形态，蛇形结构使体育场向周围区域敞开了胸怀。

丰雄的独特创意、对于材料的精确使用以及理论实证精神极大地影响了年轻一代的建筑师们，尤其是在日本。丰雄曾经表达过他的担心，他的影响可能会导致一种统一单调的简约主义。

仙台媒体中心（2001年）是丰雄通透、轻盈建筑的典范之作。

后现代主义建筑、高技派建筑、当代建筑

断裂形态的创造者

丹尼尔·里伯斯金
DANIEL LIBESKIND

丹尼尔·里伯斯金是一位个性鲜明的设计师，他宏伟庞大的建筑结构最突出特征就是断裂的外观。尽管他的声望很高，但是这种极端的特质常常招致非议，而且他的许多设计只能停留在纸上，无法变成实体建筑。

1946年，生于波兰罗兹市。

解构主义建筑的重要倡导者。

里伯斯金出生于波兰，最初打算成为一名手风琴演奏家。后来，他们一家迁往以色列，然后又去了美国，他在那里入了美国籍，开始学习建筑。

里伯斯金是一位著名的建筑理论家和教育家，直到他50多岁时才亲眼看到自己设计的建筑物建成。但是，这却是一件伟大的杰作。柏林的犹太博物馆（1999年完工）常常被形容为刚刚遭受闪电的袭击，庄严肃穆的锌贴面外部被击裂。断裂形态非常具有象征意义，好像博物馆就是围绕着中间的"空缺"而建的。

正如2005年建成的柏林欧洲被害犹太人纪念碑，建筑不但具有形式意义，还具有隐喻意义。欧洲被害犹太人纪念碑是由他的同胞彼得·艾森曼（Peter Eisenman）设计，里伯斯金常和他一起被提及。他的这种设计倾向吸引了来自世界各地的一系列纪念性博物馆的设计委托。

里伯斯金和艾森曼（还有盖里）都和解构主义联系在一起。1988年，著名建筑师菲利浦·约翰逊和马克·威格利（Mark Wigley）在纽约现代艺术博物馆组织了一次重要的展览会，自此以后，"解构主义"这个词就不胫而走。对于解构主义的说明就是"一种截然不同的感觉，感到无法实现形式的纯粹性"，恰好准确地描述了里伯斯金随后的作品。

里伯斯金 2002 年设计了维多利亚和阿尔伯特博物馆的一座扩建建筑，而这座非凡的建筑物就清楚呈现出类似的破坏形态。建筑物最大的特色就是巨大的壳状尖角圆柱，被瓦片包裹着，看起来像是碎裂的。这种极端的外观招来两种截然不同的反应，一方疯狂追捧，另一方强烈抗议，最后计划被放弃。英国曼彻斯特的帝国战争博物馆北部分馆是他比较传统的设计，也在 2002 年建成。

2003 年，经过一个漫长的过程，里伯斯金被选为纽约市世界贸易中心重建工程的总规划师。他将自己的规划称为"记忆库"，周围环绕着逐渐上升的一圈摩天楼。但是，他的职权很快就被架空了，重建工程的主体部分包括一个新的交通枢纽、一个文化中心和主要建筑，分别由大卫·查尔兹（David Childs）、诺曼·福斯特、理查德·罗杰斯和弗兰克·盖里等著名设计师设计。

里伯斯金的自传《破土：生活与建筑的冒险》于 2004 年出版，非常畅销，并被译成多种文字。他留给后人的启示是：依靠自己的能力来形成自己的风格，最重要的是，让自己的设计突破预设的种种障碍，昭然于世。

柏林犹太人博物馆（1999 年）的断裂形态极具象征性。

后现代主义建筑、高技派建筑、当代建筑

雷姆·库哈斯
REM KOOLHAAS

荷兰人雷姆·库哈斯是 20 世纪后 30 年里建筑界的王者。他的至高荣誉源自他的理论地位、城市规划概念、直言不讳的评论和著作，同样也是因为他不同凡响、风格迥异的设计作品。

1944 年，生于荷兰鹿特丹。

21 世纪初建筑界的重要理论家。

库哈斯开始时是一名作家，写一些电影剧本，还做过记者，后来才学建筑，这些经历让他的作品多了些理论性和争论性。他先后在伦敦和纽约康奈尔大学学习建筑，1975 年，他在鹿特丹成立了自己的事务所 OMA，即大都会建筑事务所。

1978 年，他出版了专著《癫狂的纽约》，一举成名。这本书无意间成了这个城市的"反动宣言"，形象地概述了纽约市的景象：一个混乱、拥挤和非理性的地方，从根本上挑战了已有的城市规划理论。1995 年，他和著名平面设计师布鲁斯·毛（Bruce Mau）合作出版的学术巨著《小、中、大、超大》再续辉煌。这本书根据规模将他的设计作品分类，同时还附有从素描到看似无关的轶事等资料。

这些著作让他收获了巨大的成功，在某种程度上也使他的建筑作品失色不少。不过，他的一些设计却成为不同流派建筑师谈论的焦点，例如，看似一堆破破烂烂的材料随意丢在一起的巴黎达尔雅瓦别墅（1991 年），其实是对勒·柯布西耶的经典作品萨伏伊别墅的重新诠释。

直到最近，库哈斯才被邀请参与重要工程的设计，如西雅图中央图书馆（2004 年），建筑物正面是解构主义风格的，看似玻璃在溢出来，以及造型古怪的波尔图音乐之家音乐厅（2005 年）。

对于摩天楼这种城市建筑形式，库哈斯开始表示赞同，后来又提出批评，但是进入 21 世纪后，他转而开始设计各种不同的摩天楼杰作。北京新的中央电视台总部大楼是他最具影响力的摩天楼代表作之一。两座巨大、闪亮、倾斜的塔相互连接在一起形成了倒置的英文字母"U"，这种故意而为之创造出了一座标志性建筑。这座建筑物成为中国人争论的焦点，后来因为一次突如其来的大火，工程竣工的时间被延后。

库哈斯对于当代建筑的影响，怎么评价都不为过。许多杰出人物曾经成为他的学生，或者在他的工作室工作过，而现在他的工作室已经成为年轻建筑天才们的温床。但是，他摇摆不定的立场以及自我张扬的个性常常招来不满，被指责为装模作样，故作姿态。他能否名留建筑史可能取决于他能否建造出一座如同他的理论书所提及的那种让人难忘的建筑。

北京中央电视台总部大楼（2009 年）。

流动结构的创造者

扎哈·哈迪德
ZAHA HADID

扎哈·哈迪德是当代最具争议性的建筑师之一，她赖以成名的建筑设计作品非常强劲有力，又具有流动的结构，将建筑既定的概念推向极致。她是建筑界为数不多的备受瞩目的女性之一。

1950 年，生于伊拉克巴格达。

极富创造力的著名建筑师，流动结构使她享誉国际。

哈迪德出生于伊拉克，先在贝鲁特学习数学，后前往伦敦学习建筑。她和雷姆·库哈斯（Rem Koolhaas）一起工作，并加入了他的事务所，即著名的大都会建筑事务所。

1980 年，哈迪德成立了自己的事务所，作为教师，她在纯理论界拥有极高的声望，但她的设计被认为太具有挑战性，常常因为技术原因而只能停留在设计阶段。1994 年，她的设计在卡迪夫湾歌剧院设计竞标中胜出，一举成名。旷日持久的政治争辩导致她的设计被搁置，但是持续的新闻报道意味着哈迪德的名字已经家喻户晓。

除了维拉特消防站（1994 年）等少数建筑外，哈迪德的设计很多都没有建成。直到 21 世纪初，她终于可以摆脱"纸上谈兵"建筑师的称号，重要的设计委托开始如潮水般涌来。她的工作室现在也是全球知名的建筑事务所之一，而她设计的建筑也在世界各地兴建。2004 年，她获得了建筑最高奖——普利兹克奖。

一开始我努力想建造出比孑然而立的珠宝更加璀璨的建筑；现在我只希望它们能结合在一起，成为新的风景。

哈迪德雕塑般的建筑是对当今技术的考验，但是多亏了建筑和工程软件的快速发展，她的许多构想都可以成为现实。她在设计中常常摒弃直线，从而使自己的作品无论是在结构上还是与周围环境的联系上都是"无缝"的。这些元素都清楚表现在她大受好评的作品奥地利因斯布鲁克的伯吉瑟尔滑雪台（2002年）和罗德帕克缆车站（2007年）中。

她的两个大规模设计受到了广泛的赞誉，一个是拥有巨大鲨鱼状外观的德国沃尔夫斯堡菲诺科学中心（2006年），另一个是俄亥俄州辛辛那提的罗森塔尔当代艺术中心（2003年），地面曲线向上形成了一块"城市地毯"。这两件作品充分例证了哈迪德的长期合作伙伴帕特里克·舒马赫（Patrik Schumacher）所提出的"分布参数系统"这一建筑方式。

哈迪德也开始将她独特的形式语言运用到家具、灯具，甚至鞋子的设计中。虽然她炫丽的设计一开始就与21世纪早期的经济泡沫挂上了钩，但是它们仍然是当代建筑中最具个性和创意的作品。尽管她性格和建筑风格上的强势使人们对她褒贬不一，但是每一个出自她工作室的新项目都会被建筑界仔细研究，而她在建筑领域的声誉也与日俱增。

奥地利因斯布鲁克的伯吉瑟尔滑雪台的"无缝"结构（2002年）。

后现代主义建筑、高技派建筑、当代建筑

可持续性建筑
SUSTAINABLE ARCHITECTURE

不同的人对于可持续性建筑的解读是不同的。作为决定着我们生活方式的人，建筑师们意识到他们有责任为我们的生活把好关，必须找到新的方法和材料来回应世界现在面临的生态危机。

混凝土和石棉等许多现代主义建筑的核心材料现在看来要么不环保，要么是有害的。同样的，许多设计按照现在的角度来看是在挥霍和浪费能源。因此，建筑师被迫逐渐将提高能源使用效率、尊重周围环境、使用可循环材料和寻求可替代能源等因素列入设计考虑范围。例如，木材再度回归，成为抢手的主要建筑材料。

一些环保元素也被凸显出来，如绿色屋顶或者"活"屋顶，这是指建筑物的顶部覆盖草皮，起到极佳的保温隔热效果，同时还可以与周围环境相协调，倡导自然生活。2008年，旧金山金门公园的加州科学院就是一个典型的例子，它是由伦佐·皮亚诺（Renzo Piano）设计，拥有一个绿波翻滚的屋顶。

另一个潮流就是"再生利用"，建筑师从废弃材料和结构中寻找可利用的部分，重新定位，继续利用。例如，荷兰的"2012年的建筑师"利用洗衣机上的废弃面板建造了模块状的隔舱。集装箱也可以再生利用，建造一种"集装箱建筑"。经典例子包括2006年在苏黎世开张的"星期五"旗舰店，是由垒在一起的集装箱组成的迷你高层商店；还有日本建筑师坂茂设计的大型游牧博物馆（2005年），坂茂还因为用纸

> 迫切需要找到一种不破坏环境的现代建筑，利用技术实现获利的目的。
>
> 理查德·罗杰斯

和硬纸板做建筑材料而出名。然而，有些建筑师的尝试却遭到了批评，因为他们的建筑费用过高，而且更多的是一种时尚的展现，而不是实际的解决方法。例如，美国建筑师亚当·卡尔金（Adam Kalkin）改装集装箱，建成了可以直接从货架上取下来就用的现成的居民住宅。

尽管大多数当代可持续性建筑并不是那么极端，但是生态保护的迫切性还是催生了一种新的建筑美学，以及由咨询师和专业顾问组成的服务行业，这一点在学校等社会公共建筑中表现得尤为明显。有些评论家认为可持续性是建筑技术问题，并不是建筑师关注的焦点。但是，这种说法忽视了一个事实，历史上最伟大的建筑师，尤其是早期的现代主义建筑师们，也是将新材料的使用结合社会变革，建造出了富有创造力的新型建筑。

现在很少有建筑师会当众承认不关注可持续性问题，但是他们倾向于将问题一分为二来解决。常规设计流程会稍作修改，增加环保元素，而小规模的项目则可以尝试把可持续性作为设计重点。在设计和建筑中，真正可持续的、可行的主流方式还有待发展。

材料和结构的创新者

赫尔佐格和德梅隆设计事务所
HERZOG & DE MEURON

瑞士二人组雅克·赫尔佐格（Jacques Herzog）和皮埃尔·德梅隆（Pierre de Meuron）是当代最受人尊敬的建筑师，成功建造出让人难以捉摸、具有不可思议美感、让同行折服的作品，同时又以大众喜闻乐见的形式作出了标志性宣言。他们尤其以新型建筑技术和材料的使用而闻名。

> 两人都是在 1950 年出生于瑞士巴塞尔。
>
> 运用新型材料建造出标志性建筑的建筑大师。

赫尔佐格和德梅隆从小就是朋友。1978 年，他们在家乡巴塞尔建立了事务所，设计了一系列受到高度评价的建筑。他们的建筑结构精简，具有浓缩的美，所以有时他们被称为"现代主义简约派抽象艺术家"。

他们的建筑另一个显著特征就是对于材料的熟练运用——在每个建筑项目里，某一特定的材料会发挥出最大功效。例如，旧金山的德扬博物馆（2005 年）就像用多孔铜构成的网状覆盖物包裹住一样，而伦敦的拉班现代舞中心（2003 年）的外表是一个双层的聚碳酸酯（常见于花园小棚或暖房），光线的微妙变化营造出彩虹般的效果。赫尔佐格和德梅隆在很多项目中都喜欢和行业外的艺术家合作，为他们的作品增添雕塑般的特质。

虽然他们的作品早就享誉建筑界，但是他们的声望因为一个设计得到进一步提升。这个设计项目就是将伦敦河岸一座废弃的、具有艺术装饰风格的发电站改造成新的泰特现代美术馆，并于 2000 年开馆。

2005 年竣工的慕尼黑安联球场也获得了成功。整个结构覆盖着一层薄薄的半透明的特殊塑料四氟乙烯。当依次被点亮时，建筑物的

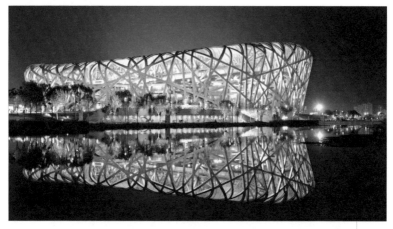

2008 年奥运会主体育场——北京国家体育场，被戏称为"鸟巢"。

颜色可以根据体育馆的使用情况，以及哪支主场球队在这里踢球进行变换，制造出如同摄影棚般的壮观的灯光效果。

　　他们和一个包括艺术家艾未未在内的大型工作团队合作，为北京 2008 年奥运会设计了北京国家体育场，获得了更大的成功。与安联球场不同，北京国家体育场将整体结构暴露在外面作为装饰，所以它被形象地称为"鸟巢"。这座建筑物受到了世界各地成百上千万人的赞美，成为象征奥运会和当代中国的符号。

　　他们的事务所是当代建筑中最富盛名的，而他们的作品也成为建筑专业学生仔细研读的范本。虽然赫尔佐格和德梅隆名气很大，但是他们竭力逃避"当代明星建筑师"称号所带来的名气，而是采取了一种超然的态度（这家事务所甚至连网页也没有），从而有效地保证了作品的高品质。

　　赫尔佐格和德梅隆设计事务所非常受欢迎，尤其是那些希望找到具有重大影响力的宣言性建筑的客户。目前，这家设计事务所参与了一系列重要文化机构的设计工作，极有可能进一步巩固其大师级地位。

后现代主义建筑、高技派建筑、当代建筑

ARCHITECTURE: The 50 most influential architects in the world

Conceived and produced by Elwin Street Productions Limited

Copyright Elwin Street Productions Limited 2010

14 Clerkenwell Green, London EC1R 0DP, UK

www.elwinstreet.com

Simplified Chinese translation © 2012 Zhejiang Photographic Press

浙江摄影出版社拥有中文简体版专有出版权，盗版必究。

浙 江 省 版 权 局
著 作 权 合 同 登 记 章
图字：11-2011-199号

图书在版编目（CIP）数据

改变建筑的建筑师 /（英）约翰·斯通斯
(John Stones) 著；陈征译. — 杭州：浙江摄影出版
社, 2018.1
ISBN 978-7-5514-2067-9

Ⅰ.①改… Ⅱ.①约… ②陈… Ⅲ.①建筑史—研究
—世界 Ⅳ.①TU-091

中国版本图书馆CIP数据核字(2017)第295994号

改变建筑的建筑师

[英] 约翰·斯通斯　著

陈征　译

责任编辑：程　禾
责任校对：朱晓波
装帧设计：杨　喆
责任印制：朱圣学

全国百佳图书出版单位

浙江摄影出版社出版发行

　　地址：杭州市体育场路347号
　　邮编：310006
　　电话：0571-85159646 85159574 85170614
　　网址：www.photo.zjcb.com
制版：浙江新华图文制作有限公司
印刷：浙江影天印业有限公司
开本：787mm×1092mm　1/32
印张：4
2018年1月第1版　2018年1月第1次印刷
ISBN 978-7-5514-2067-9
定价：35.00元